NOUVEAU

MANUEL COMPLET

THÉORIQUE ET PRATIQUE

DES PROPRIÉTAIRES D'ABEILLES.

Les personnes qui auraient des demandes ou observations à faire à l'auteur peuvent lui écrire, *franc de port*, à Vanault-les-Dames par Vitry-le-Français, département de la Marne.

Les lettres non affranchies ne seront pas reçues.

Pour prévenir les contrefaçons de cet ouvrage, tous les exemplaires seront signés par l'auteur au talon de la planche en taille-douce.

NOUVEAU MANUEL COMPLET THÉORIQUE ET PRATIQUE DES PROPRIÉTAIRES D'ABEILLES,

CONTENANT :

1°. La Ruche villageoise ou lombarde, et les Ruches à hausses perfectionnées au moyen de petits grillages en bois très faciles à exécuter ;

2°. Des procédés pour réunir ensemble plusieurs Ruches faibles, afin d'être dispensé de les nourrir ;

3°. Une méthode très avantageuse de gouverner les Abeilles, de quelque forme que soient leurs Ruches, pour en tirer de grands profits ;

PAR J. RADOUAN,
Géomètre, Membre de la Société d'Agriculture, Commerce, Sciences et Arts du département de la Marne.

TROISIÈME ÉDITION, CORRIGÉE.

SUIVI

DE L'ART D'ÉLEVER ET DE SOIGNER LES VERS A SOIE,

ET DE CULTIVER LE MURIER ;

PAR M. MORIN,
De plusieurs Sociétés savantes.

PARIS,
RORET, LIBRAIRE, RUE HAUTEFEUILLE,
AU COIN DE CELLE DU BATTOIR.
1828.

L'auteur fera tenir, aux adresses qui lui seront indiquées, à Châlons-sur-Marne, à Vitry-le-Français et à Bar-le-Duc, des Ruches de son invention, aux prix suivans :

	f.	c.
1°. Un couvercle convexe ou bombé, à queue mobile	1 f.	25 c.
2°. Une hausse seule, garnie de son grillage, avec quatre à cinq attaches en fil de fer	1	20
3°. Un corps de Ruche villageoise ou lombarde perfectionnée, garnie de ses deux grillages, dont l'un mobile, et de quatre à cinq attaches en fil de fer	2	»
4°. Une Ruche villageoise ou lombarde, perfectionnée, toute montée, c'est-à-dire un corps de Ruche garni de ses deux grillages, et coiffé d'un couvercle convexe ou bombé, à queue mobile	3	20
5°. Quatre Ruches semblables ne coûteront chacune que	2	75
Franc de port à Paris	3	50
6°. Dix Ruches semblables (1) ne coûteront chacune que	2	60
Franc de port à Paris	3	20
7°. Une Ruche à hausses, composée d'un couvercle convexe ou bombé, à queue mobile, et de trois hausses garnies de leur grillage, liées ensemble et avec le couvercle par des attaches en fil de fer	4	20
8°. Quatre Ruches à hausses semblables ne coûteront chacune que	3	50
Franc de port à Paris	4	40
9°. Dix Ruches à hausses semblables ne coûteront chacune que	3	25
Franc de port à Paris	4	»

L'auteur se charge de faire tenir aux adresses qui lui seront indiquées à Paris de ces Ruches nouvelles, qui sont bien faites et très solides, moyennant les prix *francs de port*, indiqués ci-dessus; il en enverra aussi à Paris et aux autres villes du royaume sans se charger du port; et il prévient les propriétaires qu'ils en feront faire chez eux à beaucoup meilleur marché.

Aucun envoi ne sera fait par l'auteur qu'il n'ait reçu d'avance l'argent *franc de port.* voyez verso de l'avant titre.

(1) M. Lombard vendait ses Ruches villageoises, garnies d'un seul plancher massif, 5 francs pour les modèles, et 4 francs 60 c. pour les Ruches courantes.

INTRODUCTION.

Présenter au public deux nouvelles sortes de Ruches, presque entièrement exemptes des défauts reprochés à toutes celles que l'on connaît jusqu'à présent, tel est le but que je crois avoir atteint.

Ces deux Ruches sont celle de M. Lombard, dite villageoise, et la Ruche à hausses, auxquelles j'ai fait des modifications importantes, faciles à exécuter, et propres à en diminuer le prix au lieu de l'augmenter.

Voici les plus considérables :

1°. J'établis deux petits grillages en bois, dont un mobile, dans le corps de la Ruche lombarde, en remplacement de son plancher massif ;

2°. Je coiffe mes Ruches à hausses d'un couvercle convexe ou bombé, semblable à ceux des Ruches lombardes ;

3°. Je mets à chaque hausse un petit grillage en bois au lieu et place de son plancher massif ;

4°. Je rends mobile la queue des couvercles des Ruches lombardes ou à hausses, pour faciliter la réunion de plusieurs ruches faibles ensemble, afin d'être dispensé de les nourrir.

Ces changemens, quoique très simples, rendent les ruches très faciles à dépouiller sans toucher au couvain, sans engluer les abeilles, et par conséquent sans en faire périr ; ils rendent la communication des abeilles absolument libre d'une hausse à l'autre, ou des couvercles aux hausses ou corps de ruche, ce qui fait que l'on en obtient des récoltes bien meilleures et plus abondantes, et que les ruches sont plus saines, plus commodes et plus avantageuses pour la prospérité de ces mouches.

Le miel que je récolte est toujours d'excellente qualité, parce qu'étant pris dans la partie la plus élevée de la ruche, j'y joins la précaution d'en ôter scrupuleusement tout le pollen ou autres ordures qu'il contient, et que je ne me sers guère que de la chaleur du soleil pour en faire l'extraction.

J'indique différens procédés pour faire la récolte : les propriétaires pourront choisir.

J'ai beaucoup insisté sur cet objet, que j'ai cru des plus essentiels; et, en effet, de quelle utilité serait la ruche la plus heureusement imaginée, si on ignorait les moyens de la dépouiller?

Dans ma manière de gouverner les abeilles, je suis constamment l'ordre naturel, et j'évite soigneusement de contrarier leur instinct; ainsi, je conserve ou donne aux ruches les dessus convexes et la forme ronde, que tous les auteurs conviennent être les meilleurs pour atténuer les mauvais effets de l'humidité et concentrer la chaleur; je fais disparaître les planchers massifs qui gênaient considérablement les abeilles, et j'y substitue de très minces grillages, qui en ont tous les avantages sans aucun de leurs inconvéniens. Je récolte toujours le miel sans toucher au couvain, et par le haut, c'est-à-dire par la partie où est le miel superflu, presque abandonné des abeilles, et qui, faute d'être enlevé, deviendrait grenu, et plutôt nuisible qu'utile. Je ne force jamais mes mouches à essaimer; mais je cueille exactement tous les jets qu'elles veulent bien me donner, si nombreux ou même si petits qu'ils soient; seulement je les rends tellement forts par des réunions, que je ne suis presque jamais obligé de les nourrir. Je suis parvenu, depuis sept à huit ans, à préserver presque entièrement mes ruches de la dysenterie, des pillages, de l'invasion de la fausse teigne, des ravages de la souris et de leurs autres ennemis, et à les rendre plus saines par les fréquens nettoiemens des tabliers, les rétrécissemens des entrées ou portes des ruches, en les grillant avec des épingles dans la mauvaise saison, et en mettant toujours par le bas une hausse vide pour les bien aérer et empêcher la moisissure.

Quoique je sois quelquefois d'un avis différent de MM. Huber, Lombard, Bosc, Feburier, et autres qui m'ont précédé dans cette carrière, et notamment sur l'utilité de faire des essaims artificiels, je me plais à leur payer ici le juste tribut d'éloges et de reconnaissance que je leur dois et qu'ils méritent, et j'avoue avec franchise que ce n'est que par la lecture et la méditation approfondie de leurs excellens ouvrages, jointe à l'étude constante que j'ai faite des abeilles, que je me suis trouvé à même de faire ce Manuel.

Je me suis un peu étendu sur la critique de

l'ouvrage de M. Ducouëdic, non seulement parce que les nombreuses erreurs qu'il contient tendent à retarder les progrès de nos connaissances sur les abeilles, mais encore parce que les conséquences qu'il tire de ses faux principes peuvent être très préjudiciables au public en les appliquant à la partie économique.

Je n'ai rien omis, dans cet ouvrage, de ce qui m'a paru essentiel dans la pratique; ceux qui désireraient acquérir des connaissances plus étendues sur la théorie peuvent consulter les excellens ouvrages, sur les abeilles, de MM. Huber, Feburier, Bosc ou Lombard.

J'ai divisé ce Manuel en cinq parties :

La première comprend la description détaillée de mes deux espèces de ruches et la partie de l'histoire naturelle des abeilles, qu'il est utile ou indispensable de connaître pour les bien soigner; (1)

La deuxième contient les dispositions nécessaires pour approcher des abeilles, et les différens procédés à employer pour prévenir ou apaiser leur colère;

---

(1) Voyez aussi l'*Appendice*, page 113.

La troisième traite spécialement des produits des abeilles, c'est-à-dire des essaims, du miel et de la cire;

La quatrième, non moins importante, indique les moyens de conserver, faire prospérer et multiplier les abeilles;

La cinquième et dernière est consacrée à l'examen critique des diverses espèces de ruches connues jusqu'à présent, comparées à celles que je propose, afin de mettre le lecteur à même de juger des motifs qui doivent leur mériter la préférence.

Les principes, méthodes et procédés que j'indique dans le présent Manuel sont ceux que j'emploie avec beaucoup de succès depuis vingt ans pour le gouvernement de mon rucher, composé actuellement d'une centaine de ruches; ainsi, on peut les mettre en usage avec une entière confiance.

MANUEL
DES PROPRIÉTAIRES
D'ABEILLES.

PREMIÈRE PARTIE.

NOUVELLES ESPÈCES DE RUCHES INVENTÉES PAR L'AUTEUR, ET PARTIE DE L'HISTOIRE NATURELLE DES ABEILLES QU'IL EST UTILE OU INDISPENSABLE DE CONNAÎTRE POUR LES BIEN SOIGNER.

§. 1er. *Description de deux nouvelles Ruches inventées par l'auteur, et quelques uns des avantages qui en résultent.*

Avant de parler de mes deux nouvelles espèces de ruches, je dois donner une description succincte de celles qu'elles doivent remplacer. Ces ruches sont la *villageoise* et celle *à hausses*.

La ruche de M. Lombard, qu'il a appelée *villageoise*, est composée d'un couvercle convexe ou bombé, de quatre à cinq pouces de profondeur et d'un pied de diamètre, et d'un corps de ruche du même diamètre sur douze à quinze pouces de hauteur; ainsi, sa ruche a en totalité seize à vingt pouces de hauteur : elle est construite en paille. La *fig.* 10, qui représente cette ruche telle que je l'ai modifiée, représente aussi très bien la ruche lombarde pour toute la partie extérieure, et même pour l'intérieur, à l'exception du grillage que j'ai figuré, et qui, dans la ruche de M. Lombard, est un plancher composé d'une planche légère de forme carrée ou octogone : cette planche, dont on a un peu scié les angles, se fixe au haut du corps de ruche avec des clous insérés dans le premier rouleau de paille, que l'on fait un peu entrer dans les pans de la planche; les quatre ou huit petits segmens vides que laisse la planche, inscrite dans le corps de ruche de forme ronde, sont pour servir à la communication des abeilles.

La ruche de M. Lombard, telle que je l'ai perfectionnée, est absolument la même, pour les dimensions et pour la forme extérieure, que celle que je viens de décrire; toute la différence consiste dans le plancher que j'ai supprimé, comme formant un trop grand obstacle à la libre communication des abeilles, et que j'ai remplacé par deux petits grillages dont je donnerai tout à l'heure la description, et dan sla queue, que j'ai rendue mobile.

J'établis donc deux petits grillages : l'un fixe, au milieu de la ruche lombarde perfectionnée, représentée par la *fig.* 10 un peu entr'ouverte, pour en rendre l'intérieur sensible; l'autre mobile, au haut de cette même ruche, c'est-à-dire tout auprès du couvercle.

Je fais ces grillages avec de petits brins de bois de chêne très secs, bien droits, triangulaires (c'est-à-dire à trois faces), de trois à quatre lignes de grosseur, et finissant à chaque bout en forme de coin fort aminci, pour être fichés facilement dans les rouleaux de paille, aux endroits susdits, de quinze en quinze lignes, parallèlement les uns aux autres, et affleurant le haut de la ruche par une de leurs faces; de cette sorte il reste entre chaque brin un vide d'un pouce environ; il n'y a donc qu'un cinquième à peu près de plein, le surplus sert pour la communication des abeilles, qui, ainsi, n'est nullement gênée. Ces petits brins ne sont que le strict nécessaire pour la parfaite solidité des édifices.

Pour rendre mobile la queue du couvercle, ainsi que je viens de l'annoncer, je lui donne la forme très simple représentée par la *fig.* 14 : une pointe en fil de fer, fichée à son extrémité inférieure, entre dans une petite traverse disposée à cet effet au centre de la partie inférieure du couvercle en façon de diamètre, laquelle est enfoncée par ses deux extrémités dans les rouleaux de paille sans les percer de part en part, et fixée en outre à ces rouleaux avec des pointes de Paris; cette traverse empêche la queue de vaciller : une cheville en bois traverse cette queue hors du couvercle, mais tout auprès pour l'empêcher de s'enfoncer dans la ruche, et une broche en fil de fer, formant l'angle droit avec la cheville en bois, traverse un peu obliquement cette même queue, afin que l'une de ses extrémités s'enfonçant dans les rouleaux de paille, elle ne puisse bouger, ni en remontant ni en descendant : cette broche est représentée séparément par la *fig.* 4. Au surplus, pour rendre mobile la queue du couvercle, chacun peut choisir le procédé qui lui convient le mieux.

Passons actuellement à la ruche à hausses et aux changemens que j'y ai faits.

La ruche à hausses, la plus généralement répandue comme la moins coûteuse, se compose d'une quantité quelconque de portions cylindriques en paille, de quatre à cinq pouces de hauteur sur un pied de diamètre, à chacune desquelles est adapté un plancher, à peu près semblable à celui que M. Lombard met à sa ruche dite villageoise, c'est-à-dire que ces planchers sont faits avec une planchette légère de forme carrée ou polygone, laissant très peu de jour pour la communication des abeilles d'une hausse à l'autre.

Voici les modifications que j'ai faites à ces ruches, auxquelles j'ai conservé l'ancienne forme extérieure, à l'exception cependant du couvercle convexe ou bombé que j'y ai ajouté :

1°. Au lieu et place du plancher massif de chaque hausse, je mets un petit grillage en bois parfaitement semblable à ceux décrits ci-dessus pour ma ruche villageoise ou lombarde perfectionnée. Voyez une de ces hausses représentée avec son grillage par la *fig.* 13.

2°. Je coiffe ces ruches à hausses d'un couvercle convexe ou bombé et à queue mobile, aussi tout-à-fait semblable à celui de ma ruche villageoise ou lombarde perfectionnée. La *fig.* 12 représente une ruche composée de quatre hausses telles que celle de la *fig.* 13, et, en outre, coiffée d'un couvercle semblable à celui de la ruche *fig.* 10.

Les grillages dont j'ai parlé sont un peu marqués aux *fig.* 10 *et* 13; mais l'effet en est beaucoup plus sensible à la *fig.* 11, c'est le haut d'une hausse ou d'un corps de ruche villageoise perfectionnée, vu de face.

Chaque hausse a au bas une ouverture pour

l'entrée et la sortie des abeilles. En hiver, il n'y a que celle de la plus inférieure qui soit ouverte; en été, il peut y en avoir plusieurs.

Au haut et au bas de chaque hausse ou corps de ruche, et au bas de chaque couvercle, on applique un second rouleau extérieur en paille, c'est-à-dire que l'on reborde en dehors les couvercles, hausses ou corps de ruches, pour pouvoir aisément les lier ensemble avec des attaches en fil de fer représentées par la *fig.* 9; un clou ou une pointe quelconque y servent comme de clef. On peut suppléer les attaches en fil de fer par de l'osier ou de la ficelle; au lieu de reborder en dehors les ruches, couvercles et hausses, par des doubles liens en paille, il y a économie de se contenter de faire un peu déborder en dehors les liens supérieurs et inférieurs; on trouvera ci-après la figure qui représente l'effet de cette autre construction.

Mes corps de ruches villageoises ont deux entrées diamétralement opposées, pour pouvoir, au besoin, mettre le devant derrière après la récolte d'une partie de ces corps de ruches (§. 16).

J'ai adopté pour mes ruches à hausses le couvercle convexe ou bombé, et je l'ai conservé aux villageoises perfectionnées, parce que les dessus plats ne présentant aucune pente aux vapeurs produites en hiver par les abeilles, pour gagner la circonférence et couler le long des parois des ruches, elles retombent en gouttes sur ces mouches, occasionnent la corruption des matières qui sont dans leur corps, et de là la dysenterie qui porte l'infection et la mort dans les peuplades.

MM. Lombard et Feburier reprochent aux ruches à hausses d'avoir nécessairement les dessus plats; je présume donc être le premier qui y ait mis des couvercles convexes ou bombés, et que j'ai en cela le mérite de l'invention.

Je dois dire ici que lorsque je me sers des expressions *hausse supérieure* ou *partie supérieure du corps de ruche*, j'entends parler de la hausse placée immédiatement sous le couvercle, ou de la partie du corps de ruche qui touche à ce couvercle, et, par conséquent, par *hausse inferieure* ou par *partie inférieure du corps de ruche*, les hausses ou parties du corps de ruche qui s'appuient sur le tablier, et par *deuxième hausse*, j'entends celle qui touche à la hausse supérieure, et ainsi des autres en descendant.

Avant de parler des avantages que présentent mes ruches, je vais dire un mot de la disposition des édifices des abeilles, en ce qui concerne la position ou la distribution des diverses matières qu'elles contiennent :

1°. Le miel est toujours placé au fond des ruches, près de la queue, c'est-à-dire principalement dans les couvercles ou parties des ruches y attenantes;

2°. Le couvain, destiné à repeupler la ruche, est ordinairement placé au centre de cette ruche;

3°. Le pollen, destiné à la nourriture du couvain, en est placé très près; il est en quelque sorte un peu disséminé dans la ruche, mais beaucoup plus dans la partie inférieure que dans la supérieure, réservée, comme je viens de le dire, pour placer le miel en magasin.

D'après ce que je viens de dire, la ruche d'une pièce, qui est encore actuellement la plus commune en France, est absolument contraire à la dépouille, en ce que, pour prendre le miel qui est au fond de la ruche près de la queue, il faut sacrifier une bonne partie du pollen qui est vers le bas de la ruche, et du couvain qui est au centre, et de là est venue la méthode de transvaser ces ruches, c'est-à-dire d'en chasser les abeilles pour les recevoir dans une ruche vide, où elles meurent de faim si la saison qui suit l'époque du transvasement n'est pas favorable à la sécrétion du miel, et par laquelle en même temps on perd tout le couvain et le pollen.

La ruche villageoise, telle que M. Lombard l'a imaginée, avait déjà de beaucoup diminué ces inconvéniens; on pouvait enlever le couvercle plein de miel sans déranger le restant des édifices ; seulement, à cause de la mauvaise construction de son plancher, on était obligé de recevoir les essaims dans le couvercle seul (ce qui devait gêner beaucoup lorsqu'ils étaient forts), parce que, sans cette précaution, le plancher massif déterminait les abeilles à commencer leurs édifices sous ce plancher, et à laisser vide le couvercle, au moyen de quoi la ruche était aussi difficile à dépouiller que celles d'une seule pièce. Mais un inconvénient beaucoup plus grave, c'est la difficulté d'opérer le renouvellement des édifices du corps de la ruche ; lorsque leur épaisseur ou leur saleté le rendent indispensable ; on est obligé de s'emparer en une seule fois de tous les édifices compris dans ce corps de ruche, ce que M. Lombard appelle un transvasement, et de perdre, pour s'approprier la partie supérieure où est le miel, tout le couvain et le pollen qui se trouvent au centre et dans la partie inférieure, au risque de ruiner la peuplade, et avec la certitude d'en diminuer au moins de beaucoup la population (§. 46).

Les deux petits grillages par lesquels j'ai remplacé le plancher massif de M. Lombard, parent complétement à tous ces inconvéniens ; car, 1°. on reçoit les essaims dans des ruches toutes montées, et ils se logent toujours dans le couvercle. Mais il y a plus, quand on a vidé le couvercle plein de miel, à la ruche de M. Lombard, les abeilles, au lieu de s'occuper à le remplir de nouveau, préfèrent souvent travailler dans le corps même de la ruche; ce qui n'arrive jamais avec la mienne.

En second lieu, le transvasement n'est jamais nécessaire à la ruche lombarde telle que je l'ai modifiée; car, outre le couvercle de beau miel que je prends lorsque je le juge à propos, j'ôte momentanément quelques brins du grillage supérieur, qui sont très faciles à tirer de place et à y remettre, et j'enlève chaque année une partie des rayons de miel jusque sur le grillage qui est au centre de la ruche, sauf cependant à laisser le couvain qui peut s'y trouver. Je fais de même dans la partie inférieure du corps de ruche, en prenant quelques rayons de cire vide, lorsqu'il s'en trouve de trop épais ou remplis de vieux pollen gâté, ou pour toute autre cause, et ainsi je renouvelle petit à petit les édifices du corps de ruche sans toucher au couvain et sans nuire à l'approvisionnement nécessaire aux abeilles pour passer l'hiver (§. 16).

La ruche lombarde, telle que je l'ai modifiée, est donc déjà très avantageuse. Cependant, quoique facile à dépouiller, celles à hausses le sont encore beaucoup plus. Si une ruche a de l'activité, on lui met une simple hausse de quatre à cinq pouces, au lieu d'un corps de ruche de douze à quinze pouces, comme l'indique M. Lombard; ce qui lui donne tout d'un coup une bien forte élévation : au surplus, ce deuxieme corps de ruche gêne lorsque l'on veut travailler dans la partie inférieure du premier, car les abeilles s'effarouchent lorsqu'on les sépare. Ceci n'a pas lieu ou très rarement avec les ruches à hausses, parce qu'on enlève de temps en temps en entier quelques hausses supérieures, d'où il suit qu'à la longue les hausses inférieures deviennent de vraies hausses supérieures, et se trouvent renouvelées à leur tour; elles sont donc encore, sous plusieurs rapports, de beaucoup préférables à la ruche lombarde telle que je l'ai perfectionnée.

Voici une objection de M. Lombard contre les ruches à hausses, à laquelle je dois répondre :

« Lorsqu'on récolte les hausses devenues su-
« périeures, qui ont été successivement au bas
« et au centre de la ruche, pour renouveler les
« édifices de ces ruches, cette manœuvre, dit-il,
« influe sur la *qualité* et la *quantité* du miel que
« l'on pourrait recueillir. Sur la *qualité*, en ce
« que les abeilles ayant emmagasiné du pollen
« dans les rayons lorsqu'ils étaient au centre, et
« n'ayant pu le retirer qu'imparfaitement, le

« miel qu'elles y déposent, lorsque la même « hausse devient supérieure, contracte une « âcreté qu'il est difficile de faire perdre. Sur la « *quantité*, en ce que la capacité des alvéoles est « diminuée par la petite soie que chaque ver d'a- « beille file autour de lui, soie qu'elles ne peu- « vent enlever. »

Je réponds à cette objection que, puisque je mets à mes ruches à hausses un couvercle convexe ou bombé, semblable en tout à celui de la ruche de M. Lombard, je puis, ainsi que lui, prendre le miel de ce couvercle, où il n'y a eu de déposé ni couvain ni pollen, lorsque je le juge à propos; et que, pour opérer le renouvellement des édifices, je le fais petit à petit, en enlevant de temps en temps une hausse supérieure, c'est-à-dire la partie la plus rapprochée du couvercle, et par conséquent celle où il y a le moins de pollen. M. Lombard, au contraire, ne peut opérer le renouvellement des édifices qu'en s'emparant tout d'un coup d'un corps de ruche entier, où il y a beaucoup plus de pollen que dans ma hausse supérieure, et, sans parler du couvain qu'il perd (§. 46), le miel qu'il récolte doit être encore, sous ce rapport, inférieur au mien : au surplus, je conseille (§. 22) d'éplucher exactement le pollen si on veut avoir de bon miel; quant au rétrécissement des alvéoles par les petites soies laissées par le couvain, les abeilles, avec une même quantité de miel, doivent en emplir un nombre d'autant plus grand qu'ils ont moins de capacité, et ainsi l'approvisionnement doit être à peu près le même.

M. Feburier et autres reprochent aux ruches à hausses, à cause de leurs planchers massifs très rapprochés, de forcer les abeilles à se tenir divisées en plusieurs pelotons, d'empêcher de voir le miel qu'il est nécessaire de leur laisser pour passer l'hiver, et de mettre obstacle à ce que l'on s'aperçoive des ravages de la fausse teigne ou de leurs autres ennemis : or, il est clair que toutes ces objections tombent par l'emploi de mes petits grillages.

Ces petits grillages paraîtront sans doute aux personnes habituées aux planchers massifs, devoir être gênans lors de la dépouille, et nécessiter la coupe des rayons par un fil de fer; mais qu'elles se désabusent : ils ont tous les avantages des planchers massifs sans aucun de leurs inconvéniens. On éclate avec un outil quelconque, sans toucher une seule abeille, et j'ai l'expérience bien soutenue que cela n'occasionne jamais le moindre embarras.

Mes ruches, que l'on peut dire illimitées en ajoutant des hausses aussi souvent qu'il est nécessaire, permettent de faire les essaims aussi forts que l'on souhaite, ce qui est un avantage très considérable, car les abeilles travaillent non seulement en proportion de leur nombre, mais en progression, c'est-à-dire que si une quantité quelconque d'abeilles amasse en quinze jours quatre livres de miel, par exemple, une quantité double de ces mouches en amassera au moins douze livres dans le même temps. C'est tout le contraire pour la consommation pendant l'hiver; une ruche bien peuplée consomme beaucoup moins proportionnellement qu'une ruche faible: c'est ce dont je me suis assuré depuis que je soigne des mouches; il en est de même si les miellées donnent, rien ne peut empêcher mes abeilles d'en profiter; et si les reines sont très fécondes, la population peut augmenter indéfiniment sans que jamais la place puisse leur manquer.

Ces deux espèces de ruches peuvent être maniées et transportées, même avec de jeunes essaims, dans toutes les saisons sans craindre d'accidens, à cause des grillages rapprochés qui donnent une solidité parfaite aux édifices.

§. 2. *Diverses espèces de Mouches dont se compose une peuplade d'Abeilles.*

Une peuplade d'abeilles se compose de trois sortes de mouches, savoir : la reine, le faux-bourdon et l'abeille-ouvrière. Nous allons donner succinctement la description de chacune en particulier.

La reine a le corps plus long que les ailes (*voyez fig.* 1re); elle ne va pas butiner dans les champs; mais, par la ponte d'un nombre d'œufs prodigieux, elle suffit, à l'aide des abeilles-ouvrières qui soignent les vers qui en éclosent, à fournir une assez grande quantité de jeunes abeilles, non seulement pour remplacer les mouches mortes pendant l'hiver et celles qui périssent par accident en toutes les saisons, mais encore pour former de nombreux essaims; elle a un aiguillon dont elle ne se sert presque jamais.

On peut évaluer à 50 ou 60 mille œufs la ponte annuelle de chaque reine.

Les reines ont une telle aversion les unes pour les autres, que jamais il ne peut y en avoir deux en même temps dans une ruche sans qu'elles se battent entre elles jusqu'à la mort de l'une des deux.

On présume que la vie d'une reine se prolonge pendant trois ou quatre ans au moins.

Le faux-bourdon est deux fois plus gros que l'abeille-ouvrière (voyez *fig.* 2): il ne travaille point; il paraît seulement destiné à féconder la reine, et il n'a point d'aiguillon.

L'abeille-ouvrière est petite, ses ailes sont aussi

longues que son corps (voyez *fig.* 3); elle est chargée elle seule de tous les travaux; elle amasse dans les champs tout ce qui est nécessaire pour la nourriture du couvain, et pour former le miel et la cire; elle nettoie la ruche, veille à la garde de son entrée, et la défend au besoin contre les ennemis extérieurs; elle tue et chasse les faux-bourdons, lorsqu'ils ne sont plus utiles, mais au contraire à charge à la société.

§. 2 (*bis*). *Diverses matières que l'on trouve dans les peuplades d'Abeilles; leur origine et leur usage.*

Ces matières sont le miel, la cire, le couvain et la propolis.

Le miel que les abeilles récoltent ordinairement sur les fleurs, et quelquefois sur les feuilles mêmes, ainsi que sur les autres parties des arbres et végétaux, est soigneusement mis en réserve au fond des ruches, pour la garde en être plus facile contre les abeilles étrangères; de là la grande difficulté d'en faire la récolte dans les ruches de l'ancienne forme, c'est-à-dire dans les ruches d'une seule pièce, et la presque impossibilité de l'effectuer sans enlever du couvain, écraser beaucoup d'abeilles, les irriter et en recevoir des coups d'aiguillon, et par conséquent l'utilité, ou pour mieux dire la nécessité d'adopter des ruches de plusieurs pièces.

La cire est connue de tous les propriétaires d'abeilles; elle sert à loger *le miel*, *le couvain* et *le pollen* : elle est formée par les abeilles de la partie sucrée du miel.

Le pollen est cette matière que les abeilles apportent continuellement à leurs pates, et qui sert, après avoir subi une élaboration dans l'estomac des ouvrières, de nourriture au couvain dont il est ordinairement placé très près : on le reconnaît en ce que les alvéoles qui le contiennent n'en sont jamais remplis tout-à-fait, et ne sont pas recouverts d'une pellicule en cire.

Le couvain est la progéniture de la reine; il fait les plaisirs et les délices des ouvrières, et c'est l'espérance de toute la peuplade : il est ordinairement au centre de la ruche, afin que les abeilles puissent le soigner, le nourrir et le tenir en chaleur plus facilement. Voici comment il se forme :

La reine pond des œufs, d'où, au bout de quelques jours, éclosent et sortent de très petits vers; ces vers, nourris par les ouvrières, grossissent de manière à emplir en très peu de temps les alvéoles qui les contiennent; à cette époque, les abeilles recouvrent ces alvéoles d'un couvercle en cire un peu convexe ou bombé en dehors, et les vers, ainsi renfermés, se filent des coques, et se transforment en nymphes ou jeunes abeilles qui, après un certain période de temps, déchirent leurs couvercles et sortent assez fortes pour, au bout de quelques jours, aller aux champs avec les autres abeilles.

On distingue aisément les alvéoles qui contiennent du couvain d'avec ceux qui ne contiennent que du miel, en ce que les couvercles en cire des alvéoles, remplis de miel, sont minces et plats, tandis que ceux du couvain sont convexes ou bombés, plus épais, et par conséquent moins transparens et plus jaunes.

La propolis est une gomme rouge ou jaune, qui sert aux abeilles à enduire l'intérieur de leur ruche, et par là à les garantir d'une partie de leurs ennemis.

§. 3. *Partie de l'histoire naturelle des Abeilles qu'il est utile ou indispensable de connaître pour les bien soigner.*

1°. *Moyens de se familiariser avec les Abeilles.*

La crainte des coups d'aiguillon est la cause principale qui éloigne beaucoup de personnes de la culture des abeilles; pour les éviter, il suffit presque toujours de se munir du linge fumant (§. 5), lorsque l'on veut approcher du rucher.

Lorsque l'on veut toucher à l'intérieur d'une ruche, on doit toujours, avant de l'enlever de dessus son tablier, la mettre en état de bruissement. *Voyez* ci-après (§. 6).

2°. Faculté qu'ont les Abeilles de se procurer de nouvelles Reines.

MM. Schirach, Huber et autres naturalistes se sont assurés que les abeilles qui ont perdu leur reine, peuvent la remplacer s'il se trouve dans leur ruche des œufs ou jeunes vers de trois jours ou au-dessous, en leur donnant une nourriture différente, plus abondante et propre à ce développement.

3°. Usage du Miel et du Pollen.

M. Huber a acquis la certitude, par des expériences certaines, que le miel est la base de la cire, et que le pollen est indispensable pour la nourriture du couvain.

4°. Etendue des excursions des Abeilles.

Le même naturaliste s'est assuré que les abeilles ne profitent bien que des fleurs qui sont dans un rayon d'une demi-lieue environ de distance du rucher; ainsi il faut compter pour peu de chose celles qui sont au-delà.

SECONDE PARTIE.

DISPOSITIONS NÉCESSAIRES POUR APPROCHER DES ABEILLES, ET DIFFÉRENS PROCÉDÉS A EMPLOYER POUR PRÉVENIR OU APAISER LEUR COLÈRE.

§. 4. *Affublement ou Manière de se garantir des piqûres d'Abeilles.*

Sur un pantalon quelconque doublé, mettez un deuxième pantalon de toile, de nankin, de siamoise ou d'autre étoffe non laineuse et de couleur blanche ou à peu près, comme jaune ou gris-blanchâtre, ainsi que des guêtres doublées de même couleur, que vous boutonnerez par-dessus les pantalons, ou auxquelles vous assujettirez ceux-ci avec une jarretière; habillez-vous de deux chemises, ayant la précaution de coudre les ouvertures près de l'estomac et des poignets; couvrez-vous la tête d'un masque de fil de fer dont vous insérerez la garniture, qui doit être de toile doublée, entre votre première et votre deuxième chemise, et maintenez le tout avec un mouchoir : si les abeilles sont colères, garnissez-vous les mains d'une paire de gants doublés en dehors, et rallongés avec de la toile, de manière à monter au moins jusqu'au coude, et à se maintenir sans être liés : vous aurez très rarement besoin de vos gants lors de la dépouille des ruches à hausses, ou même des villageoises perfectionnées, parce que l'on ne touche guère qu'au haut de ces ruches; mais ils sont quelquefois nécessaires lorsque l'on met des hausses, ou que l'on cueille des essaims très élevés ou mal placés.

Au moyen de l'affublement peu compliqué ci-dessus, et que vous simplifierez encore beaucoup, selon les circonstances, vous serez fort à l'aise pour travailler, et absolument à l'abri des piqûres des abeilles; elles darderont même très peu d'aiguillons dans votre affublement de toile blanche; tandis que s'il était en laine, comme drap noir, velours ou autres étoffes laineuses, vous le verriez, en très peu de temps, tout couvert des aiguillons que les abeilles y auraient laissés.

Ne courez jamais, ni ne gesticulez à l'entour du rucher; au contraire, agissez avec douceur et sans bruit, et les abeilles seront presque toujours calmes. D'ailleurs, choisissez pour les dépouiller, les hausser ou les nettoyer, les jours et heures où elles sont le moins en colère, ou mettez-les en état de bruissement s'il est nécessaire (§. 6). Voici, au surplus, un remède simple contre la piqûre des abeilles. Aussitôt après la piqûre, et avant que l'enflure n'ait fermé la plaie, il faut y appliquer un peu d'alkali, ou de chaux vive délayée; si l'on n'a ni l'un ni l'autre à sa disposition, il faut presser fortement la plaie pour en faire sortir la goutte vénéneuse, et la laver avec de l'eau fraîche.

§. 5. *Linge fumant.*

De tous les moyens propres à apaiser ou à prévenir la colère des abeilles, la fumée est le meilleur, tant par sa prompte efficacité que parce qu'il ne fait aucun tort à ces mouches. Arrangez donc du vieux linge un peu fin, auquel vous donnerez la forme d'une andouille; consolidez-le au moyen d'une couture serrée convenablement, pour que le linge brûle bien, mais pas trop vite et bien uniment. Lorsque vous voulez vous servir de ce linge, frottez-le un peu contre terre pour en détacher tout ce qui est consumé, et mettez-le dans une espèce de tuyau en fil de fer, assez serré pour empêcher les abeilles de se brûler en se jetant dessus : ce tuyau doit être large aux deux bouts, et un peu étroit au milieu, afin que le linge s'y maintienne de lui même, et que le bout où est le feu, étant moins serré, brûle plus facilement; on retire de temps en temps ce linge du tuyau pour en faire tomber ce qui est consumé.

§. 6. *Mettre les Abeilles en état de bruissement.*

Pour châtrer, récolter, nettoyer ou hausser les ruches, lorsque ces opérations obligent de les enlever de dessus leur tablier, il faut, si les abeilles sont farouches, les mettre en état de bruissement pour les rendre douces et traitables; à cet effet, on souffle sur le linge fumant, que l'on tient tout auprès de l'entrée de la ruche pour y introduire de la fumée par la porte, jusqu'à ce que l'on entende bruire les abeilles; ce qui ne dure ordinairement qu'une demi-minute. Au moyen de cette précaution, on n'a presque jamais besoin de gants, très peu d'abeilles se font périr en dardant leur aiguillon, et on jouit d'une tranquillité parfaite.

§. 7. *Tabouret propre à enfumer les Abeilles.*

Rien ne donne une idée plus exacte du tabouret propre à enfumer les abeilles, qu'une chaise percée, qui sert ordinairement pour les personnes dangereusement malades, dont le dossier serait scié, et de laquelle le trou rond aurait un pied de diamètre, et serait fermé d'une espèce de clayon en fil de fer, ou couvert d'une toile de canevas pour empêcher le passage des abeilles.

On peut avec une chaise forte, dont la paille

est usée, faire très facilement un tabouret propre à enfumer les abeilles, en sciant le dossier, garnissant les quatre faces avec de la planche légère, et clouant dessus quatre traverses solides, un peu chantournées, pour laisser dans le milieu un trou rond d'environ un pied de diamètre.

Une vieille futaille sans fond, d'un pied environ de diamètre, est un tabouret tout fait. Un corps de ruche villageoise, ou trois ou quatre hausses sans grillages, liées ensemble, peuvent le suppléer avec facilité.

Le tabouret sert principalement à faire évacuer par les abeilles les hausses ou corps de ruche. A cet effet, on les place dessus, et on introduit dessous le linge fumant (§. 5); la fumée, passant à travers le clayon du tabouret, monte dans les hausses ou corps de ruche, et oblige les abeilles à les abandonner.

§. 8. *Ruches qui regorgent d'Abeilles, qui font la barbe.*

On dit qu'une *ruche* fait la *barbe* lorsque toutes les abeilles ne pouvant plus se loger dans son intérieur, une partie se forme en un groupe sous le tablier où elle reste oisive pendant la bonne saison; on doit alors ajouter une hausse vide par le bas, afin de les obliger à rentrer dans la ruche; et, au lieu et place de cette hausse vide, on s'empare dans le moment même, ou un peu plus tard, du couvercle ou de la hausse supérieure.

Cette méthode est de beaucoup préférable à celle conseillée par M. Lombard, qui consiste à mettre sous la ruche des cales de trois à quatre pouces d'élévation, qui donnent la facilité aux abeilles de prolonger leurs rayons, et à raccourcir ces rayons de cire vide sur l'arrière-saison, pour pouvoir reposer la ruche sur son tablier.

Cette cire vide, dont on s'empare, et qui n'est presque d'aucune valeur pour le propriétaire, est une perte considérable pour la peuplade qui y aurait élevé du couvain : le procédé de M. Lombard vaut cependant infiniment mieux que de forcer les abeilles à rester dans l'inaction.

§. 9. *Temps propre et Manière de mettre des hausses.*

On doit mettre d'abord les abeilles en état de bruissement, et choisir, autant que possible, un temps calme, et le matin, avant qu'elles ne soient trop en mouvement.

Si l'on est deux personnes pour mettre des hausses, cela ne présente aucune difficulté ; mais si une seule personne est obligée de le faire, elle doit mettre la hausse sur une chaise couchée ou sur un tabouret, poser la ruche dessus, et la lier à cette hausse avec des attaches avant de la remettre sur son tablier. On peut attendre, pour la luter, que les abeilles soient calmées.

On doit mettre une nouvelle hausse vide à une ruche dès que l'inférieure est pleine à moitié ou à peu près, afin que, les abeilles ne touchant jamais le tablier, on puisse facilement le nettoyer sans exciter leur colère.

TROISIÈME PARTIE.

PRODUITS DES ABEILLES, C'EST-A-DIRE LES ESSAIMS, LE MIEL ET LA CIRE.

§. 10. *Essaims naturels.*

MAI, juin et juillet, sont le vrai temps des essaims, et pour peu que le rucher soit nombreux, on doit veiller à leur sortie ordinairement depuis sept à huit heures du matin jusqu'à cinq heures après midi; et, lorsque le temps est orageux et très chaud, depuis six à sept heures du matin jusqu'à cinq à six heures du soir.

La sortie d'un essaim est facile à connaître à un bourdonnement considérable qui se fait entendre, et à une espèce de nuée d'abeilles qui s'élève dans les airs.

Aussitôt qu'un essaim est amassé à une branche d'arbre, on doit le cueillir en secouant fortement cette branche pour le faire tomber dans une ruche; s'il est après un tronc d'arbre ou tout autre corps solide, on passe un brin de bois un peu pliant entre l'essaim et ce corps pour le faire tomber dans la ruche; si l'essaim s'est fixé à terre, il suffit de poser la ruche dessus en la tenant un peu soulevée d'un côté; et s'il s'est assis sur un cep de vigne ou autre plant facile à plier, on couche à terre ce cep après avoir cassé ou un peu retiré de terre l'échalas qui le soutient, et on place la ruche dessus. Plusieurs personnes se servent de fumée pour empêcher les abeilles de se rattacher à l'endroit où l'essaim s'était fixé; ce qui réussit ordinairement. Je trouve cependant plus commode d'emmaillôter en quelque sorte la branche avec quelques linges très légers, comme toiles de canevas, tablier en siamoise, etc., ou même avec quelques feuillages légers et longs, comme fourrages de pois, vesces, et de se mettre soi-même un instant à l'endroit où il s'était fixé ou très près; ces moyens sont beaucoup plus prompts et moins embarrassans que la fumée, dont je ne me sers plus que comme d'un moyen auxiliaire en cas de difficulté ou d'insuffisance des autres.

Lorsque l'essaim est tombé dans la ruche, il suffit de la poser doucement à terre, un peu soulevée d'un côté par une motte, une petite pierre ou un brin de bois, pour en faciliter l'entrée aux abeilles.

Si un essaim est divisé en plusieurs pelotons, il faut attendre un peu avant de le cueillir; ils se réuniront bientôt en un seul.

Lorsqu'un essaim est cueilli, si le temps se tenait à la pluie plus de deux jours, il faudrait lui donner un peu de miel en suivant le procédé indiqué (fin du §. 26).

Si un essaim s'élevait trop, et donnait lieu de croire qu'il veut fuir, le meilleur moyen pour l'arrêter, est de lui jeter de la terre réduite en poussière.

Le charivari que l'on fait lors de la sortie des essaims, est excellent pour se conserver le droit de les suivre, et de les reprendre au loin s'ils s'écartent du rucher.

Beaucoup de personnes cueillent les essaims sans s'affubler; il est cependant beaucoup plus prudent de se couvrir au moins le visage, parce que faute de cette précaution, il arrive quelquefois des accidens : si l'essaim est mal placé, on doit s'affubler entièrement.

§. 11. *Mélange des Essaims nouvellement cueillis.*

Lorsque je veux mêler ensemble deux essaims, je pose le premier cueilli un instant sur le tabouret fumant, crainte de tuerie, je fais ensuite tomber, au moyen d'une forte secousse, les abeilles de l'autre essaim dans deux ou trois hausses sans grillages, que j'ai réunies avec des attaches, et fermées en dessous avec une toile de canevas liée avec une bonne ficelle; je pose dessus l'essaim premier cueilli, les abeilles tombées dans les hausses vides remontent bien vite rejoindre les autres, et le mélange s'effectue sans difficulté. Ces opérations doivent se faire à la nuit close. Si les essaims à réunir sont du même jour, ou, le premier cueilli, de la veille seulement, on peut se dispenser de le mettre sur le tabouret fumant. Lorsque toutes les abeilles sont réunies au fond de la ruche, on ôte les hausses inférieures afin de réduire la ruche à une hauteur ordinaire.

Je rends toujours mes essaims très forts par le mélange, faisant en sorte qu'ils contiennent six à sept livres d'abeilles, et, excepté les essaims de mai, et ceux très forts du commencement de juin que je laisse seuls, je mêle tous les autres pour les former du poids indiqué ci-dessus; j'y trouve l'avantage de m'assurer non seulement qu'ils passeront bien plus sûrement l'hiver, mais encore de pouvoir quelquefois, au bout d'un mois ou six semaines, leur prendre sans le moindre danger un couvercle de dix à douze livres de miel, et d'avoir la presque certitude d'en obtenir l'année suivante de bons essaims.

§. 12. *Essaims artificiels, et inutilité de ces Essaims avec mes Ruches à hausses.*

Dans la bonne saison de l'année 1815, j'ai fait

une vingtaine d'essaims artificiels, en suivant le procédé indiqué ci-dessous, avec la précaution de les rendre du poids de cinq livres d'abeilles environ, en en réunissant plusieurs ensemble; peu de ces essaims ont gagné le mois de juin de 1816, et presque toutes les mères d'où je les avais extraits ont péri l'hiver suivant. Ainsi il n'est jamais avantageux de faire des essaims artificiels, de quelque espèce que soient les ruches, parce qu'il est toujours dangereux de diminuer la quantité des ouvrières dans les peuplades, surtout contre le vœu de la nature. Il faut au surplus des connaissances théoriques sur les abeilles pour la réussite des essaims artificiels, qu'il serait difficile à la plupart des cultivateurs d'acquérir (*voyez* à ce sujet l'ouvrage de M. Feburier, pages 312 à 315); ce qui, joint aux nombreux inconvéniens de ces essaims, doit faire regarder comme bien précieuse la découverte d'une ruche au moyen de laquelle le nombre des ouvrières ne peut jamais être trop grand : or, ma ruche à hausses remplit complétement ce but; car, avec cette ruche, on peut à volonté leur donner de l'étendue pour placer leurs récoltes, si abondantes qu'elles puissent être, et s'approprier aisément leur superflu.

§. 13. *Est-il utile de rendre aux Ruches-mères qui les ont produits les seconds et subséquens Essaims naturels?*

Les seconds et subséquens essaims naturels dépeuplent considérablement les ruches-mères, qui quelquefois meurent l'hiver suivant.

Mais n'y a-t-il pas des motifs qui nous sont inconnus, et qui obligent la presque totalité des abeilles à abandonner la souche; par exemple, l'épaisseur des gâteaux de cire, la grande quantité de vieux pollen gâté, la saleté ou le mauvais goût des édifices, et beaucoup d'autres objets qui peuvent être sensibles aux abeilles, quoique nos sens ne soient pas capables de les apercevoir, et qu'elles peuvent prévoir leur devenir par la suite extrêmement funestes? Ces seuls motifs doivent déjà rendre très circonspect dans ces sortes d'opérations; en général, forcer ou empêcher d'essaimer, me paraît quelque chose de bien contraire à la nature. Je puis cependant encore ajouter quelques autres considérations : les abeilles, sorties en essaims, ont bien une autre activité au travail que si elles fussent restées dans la ruche-mère : si un second essaim est composé de la moitié des abeilles qui restent dans la peuplade, et qu'on la réunisse à d'autres essaims pour former une ruche de six à sept livres d'abeilles, il est probable qu'il fera plus d'ouvrage pour sa part, dans cette ruche, qu'il n'en eût fait avec toutes les abeilles de la souche, s'il lui eût été rendu : on a donc encore la vieille ruche de bénéfice, en laissant agir les abeilles à leur volonté. Les seconds et subséquens essaims, quand on en fait l'usage convenable ; c'est-à-dire lorsqu'on en forme, par la réunion, de très fortes peuplades, me semblent toujours bien dédommager de la perte présumée de la ruche-mère, qui très souvent n'est pas sauvée, quoiqu'on lui rende ses derniers essaims.

§. 14. *Récolte du Miel et de la Cire.*

Mes deux espèces de ruches donnent la facilité de faire la récolte du miel, en tel temps de la bonne saison que l'on souhaite, parce que, s'effectuant par le haut, on n'est jamais gêné par le couvain. Je choisis ordinairement l'époque où les ruches ont fini d'essaimer, ou à peu près, c'est-à-dire la fin de juillet ou le commencement d'août. Je fais cette récolte un peu plus tôt ou un peu plus tard, selon que l'année a été peu précoce ou favorable à la sécrétion du miel. Il m'est arrivé, dans des années très fécondes, de faire deux récoltes consécutives, à dix à douze jours d'intervalle les unes des autres, à des ruches très peuplées, même quelquefois à mes premiers essaims de l'année, qui s'étaient rendus très forts en se mêlant, sans nuire à leur provision d'hiver.

Indépendamment de la récolte en miel dont je viens de parler, j'ôte, aux premiers beaux jours du printemps, à mes ruches, toutes les hausses, ou portions de hausses, qui ne contiennent que de la cire vide, ne laissant ordinairement à cette époque que celles qui contiennent du miel ou du couvain en nymphes, vers où œufs, ou dont la cire est très nette.

Il en est différemment des ruches de l'ancienne forme pour la récolte du miel. Il faut choisir le temps où les couvains ne sont pas abondans, c'est-à-dire tout au commencement ou tout à la fin de la bonne saison.

§. 15. *Opération préparatoire à la dépouille des Ruches villageoises perfectionnées, et des Ruches à hausses.*

Avant de faire la récolte du miel, on soulève un peu toutes les ruches de dessus leurs tabliers. On marque, par un numéro différent pour chaque ruche, les couvercles et les hausses que l'on présume devoir prendre pour laisser ces ruches, après la récolte, si c'est en août, d'un poids brut de quarante à quarante-cinq livres, c'est-à-dire, selon l'avis de M. Gelieu, qu'elles doivent toujours peser environ trente livres (quinze kilog.), poids de la ruche déduit; si la récolte se fait au printemps, un poids brut de trente à trente-cinq livres suffit.

§ 16. *Dépouille partielle de la Ruche villageoise, pour effectuer petit à petit le renouvellement des édifices.*

Il s'agit d'abord d'ouvrir la ruche en séparant le couvercle de son corps de ruche : à cet effet, on introduit une petite hache entre les rouleaux de paille du couvercle et ceux du corps de ruche, et, appuyant assez fortement sur la queue de la hache, le couvercle se détache sans détruire d'abeilles, parce que la hache ne touche pas, ou touche très peu le miel. Aussitôt que le couvercle est détaché, on le renverse et on le pose dans un petit trou que l'on a creusé en terre, on le couvre d'un couvercle vide, et on enveloppe le tout d'une grande nappe ou autre linge, pour empêcher les abeilles étrangères de piller le miel du couvercle : on examine ensuite le corps de la ruche, afin de juger quelle quantité de miel on peut lui enlever dans les divers cas qui suivent :

1°. Souvent le miel qui se trouve dans le couvercle est précisément ce qu'il convient de prendre à la ruche; alors on lie et lute un couvercle vide au lieu et place du couvercle plein, et l'opération est finie.

2°. Quelquefois il reste sur le grillage du corps de ruche une assez forte partie des gâteaux du couvercle; alors, si la ruche est encore trop lourde, on enlève ces gâteaux après en avoir écarté les abeilles avec le linge fumant (§. 5), après quoi on remplace le couvercle plein par un couvercle vide.

3°. On ne touche pas au miel du couvercle; si ce miel est pur, et que les édifices au-dessous aient un pressant besoin d'être renouvelés, c'est-à-dire s'ils sont noirs et épais, ou remplis de vieux pollen gâté, et s'il n'y a point ou très peu de couvain. Dans ce cas, après avoir simplement renversé et enveloppé d'un linge le couvercle, on prend ce que l'on juge à propos de miel dans le corps de ruche, en suivant le procédé qui va être indiqué, après quoi on remet le couvercle plein sur la ruche.

4°. Si lorsque l'on a enlevé le couvercle plein de miel à une ruche villageoise perfectionnée, son état permet de lui prendre encore du miel, on écarte avec le linge fumant (§. 5), et avec les barbes d'une plume, les abeilles des rayons dont on veut s'emparer; on ôte momentanément les brins du grillage supérieur qui se trouvent au-dessus de ces rayons, et avec les outils représentés par les *figures* 6 *et* 7, on les détache et on les emporte hors de la ruche, en ayant soin de ne pas toucher au couvain; on replace ensuite les brins du grillage supérieur que l'on avait ôtés, et on lie et lute au-dessus du corps de ruche un couvercle vide; on tourne la ruche sur son tablier, le devant derrière; on ferme l'entrée qui était ouverte et on ouvre l'autre, afin d'engager les abeilles qui mettent de préférence le miel sur le derrière, à cesser de loger du couvain dans les vieux gâteaux, et à y déposer du miel, pour pouvoir, à la prochaine récolte, achever de renouveler les édifices de cette partie supérieure du corps de ruche; et on replace, lie et lute le couvercle sur son corps de ruche.

Le renouvellement de la partie supérieure du corps de ruche ne s'effectue pas toujours en deux fois, comme je viens de le supposer. Si l'on ne prend qu'un quart des rayons chaque année, par exemple, on attend à la deuxième récolte à tourner la ruche le devant derrière; et si les années continuent à n'être pas plus favorables à la sécrétion du miel, ou que l'on juge à propos de prendre quelquefois tout ou partie du miel qui est dans le couvercle, on peut rester encore deux et même trois ans avant que le surplus de cette partie supérieure du corps de ruche ne soit tout-à-fait enlevé, c'est-à-dire avant d'être à même de rétablir l'entrée de la ruche telle qu'elle était primitivement.

Quant à la partie inférieure du corps de ruche, on doit en opérer le renouvellement à la fin de février ou au commencement de mars, c'est-à-dire à l'époque où les abeilles n'ont que très peu de couvain. Pour cela, après avoir mis la ruche un instant sur le tabouret fumant, pour leur faire quitter le bas de cette ruche, on ôte, avec un couteau ou avec les outils représentés par les *figures* 6 et 7, une portion des gâteaux inférieurs, depuis le bas de la ruche jusque sur le grillage intermédiaire, en épargnant toutefois le couvain. Cette portion est d'autant plus forte que la cire est plus épaisse ou plus chargée de vieux pollen gâté, ou, en un mot, d'une qualité plus défectueuse. Je ne laisse ordinairement de cire vide de miel, de couvain en état d'œufs, de vers ou de nymphes, qu'autant qu'elle serait nouvelle, nette et très belle, et j'en agis de même pour les ruches à hausses et pour celles de toutes espèces de formes.

§. 17. *Dépouille des Couvercles des Ruches villageoises.*

Lorsque quatre à cinq corps de ruche sont ainsi arrangés, on peut s'occuper de leurs couvercles; les abeilles ne manquent jamais de les abandonner pour monter dans les couvercles vides que l'on a posés dessus. On prend donc le couvercle vide où sont les abeilles, pour le bien attacher renversé tout auprès de l'entrée de la ruche, afin que les abeilles et même la reine, si elle s'y trouve, puissent rejoindre aisément leurs compagnes en marchant en colonnes et sans prendre l'essor; faisant bien attention à ne pas se tromper de ruche, au moyen du numéro marqué (§. 15); car l'erreur pourrait occasionner la mort des abeilles, et même de la reine, qui se trouveraient changées de ruche, et ainsi donner lieu à la perte totale d'une peuplade.

S'il se trouve encore quelques abeilles dans un ou plusieurs couvercles, on pose dessus un deuxième couvercle vide, on enveloppe le tout, comme la première fois, d'une nappe, et on ne porte le couvercle à la maison, pour en faire la dépouille, que lorsqu'il est vide d'abeilles, ou à peu près.

S'il se trouve dans un couvercle quelques gâteaux de couvain, on peut les laisser pour les rendre avec ce couvercle à la ruche; pareillement on ne prend quelquefois qu'une partie du miel compris dans le couvercle, parce que le poids de la ruche ne permet pas de prendre le tout. Dans ces deux derniers cas, on couvre seulement la ruche-mère d'une nappe, jusqu'au moment de lui rendre son propre couvercle.

§. 18. *Dépouille des Couvercles des Ruches à hausses.*

La dépouille des couvercles des ruches à hausses s'opère exactement de la même manière que celle des ruches villageoises perfectionnées (§. 16).

§. 19. *Dépouille partielle des hausses.*

Il arrive communément qu'après s'être emparé du miel compris dans le couvercle, le poids de la ruche permet de lui prendre encore, non une hausse entière, mais une portion de hausse. Dans ce cas, écartez les abeilles du grillage de la hausse supérieure, en soufflant sur le linge (§. 5) pour pousser la fumée sur ces mouches; détachez ensuite avec l'outil représenté par la *fig.* 7, avec un ciseau de menuisier très mince, ou même avec un couteau, les rayons des parois de cette hausse, et avec la pointe du couteau dégagez-les du grillage, éclatez ensuite tout doucement votre hausse; si vous avez bien opéré, elle s'enlevera sans emporter avec elle la moindre parcelle de gâteau, et elle laissera tous les rayons sur le grillage de la deuxième hausse; taillez ensuite ces rayons en forme convexe, c'est-à-dire de manière que ce que vous laisserez puisse se loger aisément dans un couvercle vide : posez et lutez-y ce couvercle; les gâteaux restans de la hausse supérieure se trouvant ainsi dans le couvercle, les abeilles cesseront d'y mettre du couvain et du pollen, et les édifices en seront enlevés nécessairement à la plus prochaine récolte, garnis alors de miel pur ou à peu près; et, en répétant cette opération toutes les fois que le poids de la ruche le permettra, vous renouvellerez petit à petit les édifices de vos abeilles, tout en faisant de très riches récoltes.

Si le poids de la ruche est moins considérable, et que cependant les édifices aient besoin d'être renouvelés (§. 16), laissez le couvercle intact, enlevez de la manière indiquée ci-dessus tout le miel compris dans la hausse supérieure, en ayant seulement l'attention de ne pas toucher au couvain, même en état d'œufs ou de vers; ménagez un espace vide dans le couvercle, en emportant quelques portions de gâteaux, tel que les rayons du couvain restés sur le grillage de la deuxième hausse puissent s'y loger, et replacez ainsi ce couvercle au lieu et place de la hausse supérieure; de cette manière, quoiqu'en prenant beaucoup moins de miel, les édifices de cette ruche se renouvelleront assez vite sans toucher au couvain.

Les procédés que je viens de décrire sont généralement les meilleurs, parce qu'on est sûr de ne jamais toucher au couvain. Je vais cependant en indiquer un autre très facile et plus simple pour les personnes un peu moins scrupuleuses sur cet article, et en effet presque aussi bon. Éclatez la hausse supérieure dont vous voulez avoir la dépouille; presque toujours la majeure partie du couvain, s'il y en a, reste sur le grillage de la deuxième hausse; s'il se trouve quelques petits gâteaux de couvain restés dans cette hausse, enlevez-les, et les replacez sur le grillage, autant que possible dans leur ancienne position; mettez votre hausse sur une large terrine enfoncée dans un trou presqu'à fleur de terre, et couverte d'un très petit clayon pour empêcher les mouches qui pourraient tomber de la hausse de se noyer dans le miel; couvrez cette même hausse d'un couvercle vide pour recevoir les abeilles, qui ne manqueront pas d'y monter; enveloppez le tout d'une nappe pour écarter du miel les pillardes; et lorsque la hausse sera bien vide d'abeilles, achevez l'opération comme pour les couvercles (§. 16).

§. 20. *Observation importante sur les suites de la Récolte du miel.*

Presque tous les propriétaires d'abeilles sont dans l'habitude d'étendre devant le rucher la cire dont l'on a extrait le miel ; cette méthode a beaucoup plus d'inconvéniens que d'utilité ; les mouches, en ramassant le peu de miel qui reste, sont sujettes à s'engluer et à se déchirer les ailes, et si l'air vient à se rafraîchir ou si une pluie survient, une assez grande quantité d'abeilles périssent.

§. 21. *Châtrer ou tailler les Ruches de l'ancienne forme.*

Pour préparer les ruches à cette opération, il faut mettre les abeilles en état de bruissement (§. 6).

A chaque récolte emparez-vous d'une quantité plus ou moins forte de rayons, suivant le poids de la ruche, en laissant le couvain même en état d'œufs ou de vers, et prenant ces rayons principalement sur le derrière, parce qu'ordinairement les abeilles y placent le miel de préférence. En faisant cette récolte au commencement du printemps, saison où il y a fort peu de couvain, il arrivera souvent que vous pourrez emporter environ moitié des rayons. Tournant alors votre ruche le devant derrière, et changeant son entrée, les abeilles, après avoir rempli le vide que vous aurez fait, placeront le couvain dans les nouveaux rayons et le miel dans les vieux, à cause de leur instinct qui les porte à placer le miel sur le derrière, et vous pourrez à la prochaine ou aux prochaines récoltes, achever le renouvellement des édifices de cette ruche en vous emparant de ces vieux rayons.

Avant de se saisir des rayons d'une ruche, on en écarte les abeilles le plus possible avec le linge fumant, les barbes d'une plume, et en frappant quelques petits coups à la ruche de ce côté. Aussitôt que quelques rayons sont enlevés, ce qui forme un vide, les abeilles s'en éloignent, pour la plupart, d'elles-mêmes. Pour tirer les rayons d'une ruche, on se sert des outils représentés par les *fig.* 5, 6 et 7.

§. 22. *Manipulation du Miel et de la Cire.*

Lorsque le miel est extrait des ruches, on doit en ôter bien exactement le pollen, que quelques personnes appellent faux-miel, faux-couvain ou cellure, qui donne un goût extrêmement désagréable au miel.

Les gâteaux, ainsi bien dégagés de couvain,

de pollen et d'autres matières propres à gâter le miel, doivent, autant que possible, être écrasés légèrement et de suite dans des mannes ou corbeilles d'osier blanc, à claire voie, posées sur des baquets. Divers auteurs conseillent de mettre ces corbeilles sur une table, dans une chambre, auprès d'une croisée exposée à l'ardeur du soleil. Ce procédé, bon en lui-même, serait encore meilleur, si le soleil restait toujours dans la même position ; mais comme il n'en est pas ainsi, voici une manière facile de profiter toute la journée de ses rayons. Je mets dans un endroit très chaud de la cour ou du jardin mes corbeilles posées sur des baquets; je les couvre avec une espèce de chemise faite avec de la toile de canevas, assez longue pour être liée au baquet avec une ficelle, afin d'empêcher les abeilles de piller le miel : ces chemises ont la forme d'une futaille qui n'aurait qu'un fond. On peut les suppléer par des cloches à melons ou autres vitrages, par des gazes, linons, mousselines, sas, tamis en crin ou en fil de fer, etc.

Si le soleil ne luit pas lorsque l'on a du miel à extraire, il n'en faut pas moins l'écraser dans les mannes ou corbeilles, au fur et à mesure qu'il est tiré des ruches, et tandis qu'il est encore tout chaud, sauf à le mettre ensuite au soleil ou au four, chauffé très légèrement, pour en achever l'extraction.

La méthode, conseillée ci-dessus, d'éplucher le pollen des gâteaux de miel, en quelque sorte, grain à grain, est sans doute la plus parfaite; mais comme elle demande beaucoup de temps, elle pourrait ne pas convenir à tout le monde : je vais donc en indiquer une autre qui pourra la suppléer assez avantageusement.

Lorsque l'on ôte le miel des hausses ou couvercles, on met séparément les rayons ou portions de rayons contenant du pollen, et l'on a l'attention de ne pas briser les alvéoles contenant ce pollen, quand l'on écrase ces rayons pour en extraire le miel, afin que la presque totalité du pollen restant avec la cire dans les mannes ou corbeilles, le miel en soit très peu détérioré.

Soit que l'on se serve ou non de la chaleur du soleil pour l'extraction du miel, il ne faut pas le laisser long-temps sans en mettre les restes au four ou sur le pressoir, parce que l'air lui fait perdre sa qualité. En général, le miel se conserve assez facilement en masse; mais si on le dissémine, il se liquéfie et s'aigrit.

Lorsque l'on a de la cire de mouches mortes, ou d'autre cire dans laquelle se trouve du pollen, on doit en extraire ce pollen avant de se disposer à la mettre sur le pressoir. A cet effet, on fait fondre, dans une assez grande quantité d'eau et sur un feu très doux, les rayons qui contiennent du pollen; aussitôt qu'ils sont bien fondus, on laisse refroidir. La majeure partie du pollen tombe au fond de l'eau, ou se mêle avec cette même eau; on ne prend que ce qui surnage, pour le faire fondre de nouveau, en y ajoutant les rayons qui ne contenaient point de pollen, afin d'en extraire la cire sur le pressoir.

Pour fondre, laver ou raffiner la cire, on ne doit la mettre dans la chaudière que lorsque l'eau commence à bouillir, et qu'après avoir diminué le feu, que l'on tient ensuite toujours très doux, en agitant continuellement le mélange, afin d'empêcher la cire de brûler.

QUATRIÈME PARTIE.

MOYENS DE CONSERVER, FAIRE PROSPÉRER ET MULTIPLIER LES ABEILLES.

§. 23. *Transport des Abeilles au pâturage.*

Les ruches à hausses ou les ruches villageoises perfectionnées, ayant des grillages intermédiaires très rapprochés, peuvent être charroyées sur des voitures avec facilité, et sans craindre les accidens qui ne sont que trop communs aux ruches ordinaires ou de l'ancienne forme; on pourrait, à la rigueur, en leur donnant beaucoup d'air, les charroyer en plein jour, arrangées sur du sarment ou d'autres branchages, et bien liées entre elles sur les voitures. Il est cependant beaucoup mieux, pour leur parfaite tranquillité, de le faire le soir lorsqu'elles sont rentrées, ou dès le grand matin, et d'attacher solidement aux voitures des bottes de paille aussi longues que ces voitures, de la grosseur de trois à quatre pouces seulement, et espacées entre elles de manière à ce que chaque ruche étant bien appuyée sur deux de ces longues bottes, les abeilles aient beaucoup d'air et n'éprouvent point de fortes secousses. Il serait à désirer que ces voitures n'eussent que des planches très étroites, et seulement sous les bottes de paille. Les ruches doivent être enveloppées avec de la toile dite canevas, ou de la toile quelconque très claire; car l'essentiel, c'est qu'elles aient beaucoup d'air par-dessous, et qu'elles soient empaillées entre elles très solidement, afin qu'elles ne puissent se déranger.

S'il se trouve à portée du rucher des bois, même de peu d'étendue, des bruyères ou d'autres végétaux propres à fournir de la miellée au mois d'août, il est inutile de transporter les abeilles dans les cantons voisins où on cultive en grand le sarrasin ou blé noir, d'autant plus que le miel qu'elles y récoltent est d'une qualité inférieure pour le commerce; et, règle générale, avant de faire la dépense de mener les abeilles au pâturage dans d'autres pays, il faut s'assurer, par des expériences précises, qu'elles y profitent beaucoup plus que dans celui que l'on habite. Je dois prévenir, à cet égard, que des sites, qui, au premier coup d'œil, peuvent séduire, sont quelquefois peu favorables à la récolte du miel. On doit cependant, sans hésiter, mener au pâturage toutes les ruches faibles, si l'on ne veut pas en réunir plusieurs ensemble, afin de les fortifier.

§ 24. *Mélange des Essaims faibles et des Ruches-mères, trop dépeuplées.*

Une découverte extrêmement intéressante, faite par M. Gelieu, et qu'il atteste avoir constatée par des expériences plus de cent fois répétées et diversifiées de toutes les manières, c'est qu'une ruche double, triple, quadruple et même quintuple en population ne consomme pas sensiblement plus de miel qu'une ruche faible ; les expériences que j'ai faites moi-même à cet égard n'ont fait que confirmer celles de M. Gelieu. Que l'on joigne à ce motif, déjà bien puissant, ceux indiqués à la page 14 du présent Manuel, et en outre l'avantage d'être dispensé de nourrir les ruches faibles au printemps, ce qui souvent ne les empêche pas de mourir, et on sera convaincu de l'utilité, pour ne pas dire de la nécessité des réunions.

Voici ma manière d'agir à cet égard :

Au mois de septembre je fais une visite exacte de mes ruches ; je pèse toutes les faibles, c'est-à-dire toutes celles d'un poids inférieur à trente livres ou environ ; déduisant le poids de la ruche d'après celui connu des hausses, couvercles ou corps de ruche ; je tiens note, sur un registre, du poids que contient chaque ruche en cire, miel, couvain et mouches, et je marque, pour en réunir plusieurs ensemble, toutes celles d'un poids inférieur à quinze livres (sept à huit kilogrammes), poids de la ruche déduit. J'en agis de même aux premiers beaux jours du printemps; mais alors je ne réunis que les ruches d'un poids inférieur à dix livres net, c'est-à-dire la ruche déduite, et si le poids est presque tout en miel, sept à huit livres même suffisent. Le jour choisi pour les réunions, sur les dix heures du matin, je mets chaque ruche à réunir, et devant former le haut ou le milieu des réunions, pendant une demi-minute environ, sur le tabouret fumant, pour faire quitter le bas de la ruche aux abeilles et les rendre traitables, et je pose sur le tablier une ruche vide, que je couvre même du surtout, pour recevoir les abeilles qui reviennent des champs, et qui, sans cette précaution, entreraient dans les ruches voisines et s'y feraient tuer. Renversant ensuite la ruche, j'ôte promptement toutes les hausses qui ne contiennent que de la cire vide, c'est-à-dire que je ne laisse que celles qui contiennent du miel, ou du couvain en œufs, vers ou nymphes. S'il se trouve une partie de hausse ou de corps de ruche qui ne contienne que de la cire vide, après avoir ôté cette cire, je coupe avec un bon couteau, si c'est en paille, ou avec une petite scie si c'est en osier, la partie devenue inutile. J'ôte alors la ruche vide de dessus le tablier, et je la remplace par une hausse vide sans grillage pour poser ma ruche réduite; je lute sans mettre d'attaches, et je rétrécis l'entrée de la ruche pour prévenir le pillage qui pourrait être occasionné par le miel qui, quelquefois, coule sur le tablier : à chaque ruche, je note sur mon registre si elle contient du couvain en état d'œufs, vers ou nymphes. Lorsque toutes les ruches qui doivent former le haut et le milieu des réunions sont ainsi réduites, et que celles destinées à en former le bas ont été examinées, et même, au besoin, un peu réduites, voici les règles que j'observe pour les réunir deux à deux.

1°. Si, dans une ruche, je n'ai pu apercevoir de couvain, je la joins, s'il est possible, à une ruche qui en est pourvue; et, par la même raison, une ruche bien pourvue de miel doit volontiers être mise avec une ruche faible en miel et bonne en couvain : cette règle est la plus essentielle de toutes.

2°. Il est très aisé de réunir ensemble deux ruches, dont l'une a le couvercle vide; on doit donc en saisir l'occasion lorsque rien ne s'y oppose.

3°. Sans s'écarter des deux règles ci-dessus, on doit unir ensemble, le plus qu'il est possible, des ruches voisines ou peu éloignées les unes des autres.

Le plan des réunions étant bien arrêté, voici les divers cas qui peuvent se présenter.

1°. S'il s'agit de réunir deux ruches, dont l'une ait le couvercle vide, on ôte ce couvercle un peu avant le coucher du soleil, pour obliger le peu d'abeilles qui pourraient s'y trouver à l'abandonner, pour se réunir à leurs compagnes qui sont sur les rayons de cire et de miel, dans les hausses ou corps de ruche; on ôte de même, et pour la même raison, les tabliers à chacune des deux ruches, pour les mettre à jour sur les pieux qui supportent les tabliers. Lorsque la nuit est presque fermée, on pose la ruche qui n'a point de couvercle sur le tabouret (§. 7), ayant eu l'attention de mettre auparavant sur ce tabouret deux ou trois hausses liées ensemble, pour que la chaleur du linge fumant ne puisse nuire aux abeilles; prenant ensuite le linge fumant (§. 5), on souffle sur ce linge en dirigeant la fumée sur les mouches de la ruche qui est sur le tabouret, pour les faire un peu rentrer dans cette ruche, et les mettre en état de bruissement (§. 6). On renverse alors la ruche dont le couvercle est plein, et on la met de la même manière en état de bruissement; on pose cette deuxième ruche sur la première, et enfin on introduit un petit bout du linge fumant, de trois à quatre pouces, sous le tabouret, pour bien opérer le mélange. Le lendemain, dès le matin, on lie et lute ensemble les deux ruches, et on met la réunion de préférence sur le tablier de celle ayant du couvain, ou, si elles en ont toutes les deux, sur le tablier de la moins faible.

2°. Si les deux ruches à réunir ont chacune un couvercle plein, on ôte la queue du couvercle de la plus légère, et on bouche très promptement le trou avec quelques herbages; on attache sur ce couvercle deux hausses liées ensemble, dont l'une sans grillage. Lorsque la nuit est presque close, on débouche le trou du couvercle, et on porte ce couvercle, après l'avoir renversé, sur le tabouret. On met, comme ci-dessus, les deux ruches à réunir en état de bruissement, pour les mettre l'une sur l'autre; après quoi l'on introduit un petit bout du linge fumant sous le tabouret, pour que la fumée, passant par le trou de la queue du couvercle, force les abeilles à se bien mêler.

Si la queue de la ruche ne peut se démonter facilement, on fait un trou dans le dessus du couvercle, en enlevant, avec un bon couteau, un petit bout d'un ou de deux rouleaux de paille, afin d'ouvrir un passage pour la fumée et les abeilles.

3°. Il peut arriver que l'on ait quelques ruches tellement faibles, qu'il soit nécessaire d'en réunir trois ensemble. Dans ce cas, on réduit, comme ci-dessus, deux de ces ruches, en n'y laissant que le miel et le couvain; quant à la troisième, destinée à former le bas de la ruche, on peut lui laisser une ou plusieurs hausses de cire vide. On ôte ensuite la queue des couvercles aux ruches destinées à former le centre et le bas de la réunion, et l'on élargit à chacune de ces ruches le trou de la queue du couvercle, en déchirant petit à petit les rouleaux de paille, jusqu'à ce que les trous aient sept à huit pouces de diamètre. On coupe même quelques très petits bouts des rayons de miel, si cela est nécessaire, pour pouvoir appliquer, sans craindre de déranger les édifices, ces deux ruches l'une sur l'autre, ayant cependant soin que les rayons des diverses parties se touchent, afin que les abeilles puissent communiquer aisément, en hiver, des unes aux autres, et prenant, au surplus, toutes les précautions indiquées ci-dessus, avant d'effectuer le mélange.

Si les ruches à réunir sont en osier, on scie un bout convenable du couvercle, en tournant tout autour de la ruche, sans enfoncer la scie que le moins possible dans les rayons qui doivent être ensuite coupés avec un fil de fer, ayant soin de les prendre en long et non en travers, afin de ne rien déranger dans la ruche.

La *fig.* 1, ci-contre, représente deux ruches réunies.

A est le couvercle de la ruche ayant du couvain ; B est la hausse ou portion de hausse, ou la portion du corps de cette ruche qui a été conservée, parce qu'elle contient du miel ou du couvain ; C est la hausse ou portion de hausse, ou de corps de ruche de la deuxième ruche qui aura aussi été conservée, comme contenant du miel ou du couvain ; D est le couvercle de cette deuxième ruche, qui est renversée pour pouvoir s'aboucher à la première. Le couvercle de cette deuxième ruche n'est que ponctué, parce qu'il n'est pas visible lorsque la ruche est sur son tablier, se trouvant caché par les deux hausses vides E.

La *fig.* 2 représente trois ruches réunies.

F est le couvercle, et G la hausse ou portion de hausse de la ruche la moins faible en miel ; H la hausse ou portion de hausse, et I le couvercle un peu rogné de la ruche la mieux fournie en couvain ; enfin, J le couvercle un peu rogné, et K et L les hausses laissées à la ruche la plus faible pour former le bas de la ruche. On fixe ensemble les parties I et J par de longues attaches

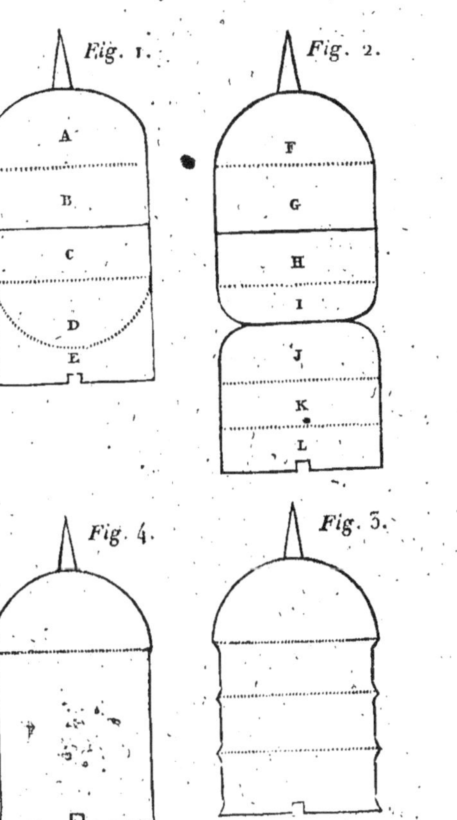
Fig. 1.
A
B
C
D
E
Fig. 2.
F
G
H
I
J
K
L
Fig. 4.
Fig. 3.

en fil de fer, semblables à celles représentées par la fig. 9.

Lorsque les ruches ont été réunies en automne, elles consomment ordinairement, pendant l'hiver, le miel compris dans le couvercle inférieur D. On ôte donc, dès les premiers beaux jours du printemps, ce couvercle, et on le remplace par une hausse vide, pour réduire la rûche à la forme ordinaire. Il arrive cependant quelquefois que le couvercle se trouve, à cette époque, plein de couvain et de miel nouveau. Dans ce cas, on déchire, petit à petit et presque entièrement, le dessus de ce couvercle, après avoir ôté momentanément les hausses vides, afin que les abeilles puissent aisément prolonger leurs rayons dans ces hausses vides. On est presque toujours obligé d'en agir ainsi pour les réunions que l'on a faites au printemps. Pendant que l'on élargit le trou de la queue du couvercle, on écarte de de temps à autre les abeilles au moyen du linge fumant (§. 5).

Les ruches dont les abeilles restent dans l'inaction et paraissent seulement un peu se jouer au soleil à l'entrée de leur demeure, et dont quelques unes s'échappent de temps en temps pour rentrer presque aussitôt, lorsque les abeilles des autres ruches sont occupées à la récolte, sont des ruches perdues sans ressource ; elles consomment, à la longue, tout leur miel, ce que l'on reconnaît à des espèces de petits grains de sucre qui se trouvent sur leurs tabliers, quand ceux des autres ruches sont très nets : elles sont au nombre de celles que l'on peut, sans rien risquer, réunir ensemble ou avec d'autres.

§. 25. *Ruches dans lesquelles on aperçoit des Faux-Bourdons après le temps ordinaire de leur expulsion des autres ruches.*

Depuis trente ans environ que je soigne des abeilles, de toutes les ruches-mères dans lesquelles j'ai aperçu des faux-bourdons dans le mois d'octobre, très peu ont réussi; elles ont presque toujours péri en hiver ou au printemps suivant : on peut donc tenter sur ces ruches toutes sortes de réunions soit entre elles, soit avec d'autres ruches désorganisées, surtout lorsqu'on s'aperçoit qu'elles dépérissent de jour en jour.

Il en est cependant différemment des forts essaims; j'en ai vu quelques uns, quoiqu'ayant eu très tard des faux-bourdons, passer l'hiver, et même donner des essaims au printemps suivant.

§. 26. *Nourriture des Ruches faibles.*

La meilleure manière de pourvoir à la nourriture d'une ruche bien peuplée, d'un essaim tardif par exemple, que l'on aura rendu fort par le mélange, mais qui n'aurait pas eu le temps d'amasser des provisions suffisantes, consiste à mettre entre son couvercle et sa hausse supérieure, une hausse pleine de miel, que l'on aura destinée à cela dès le moment de la dépouille, et laissée, à cet effet, à quelque bonne ruche. On enlève cette hausse à la fin d'août ou au commencement de septembre, précisément de la même manière que si l'on voulait s'approprier ce qu'elle contient, et aussitôt qu'elle est bien vide d'abeilles, on la donne à l'essaim qui en a besoin. C'est donc un nouvel avantage des ruches à hausses de pouvoir faire passer aisément aux ruches nécessiteuses des provisions prises dans celles qui ont du superflu, et de se débarrasser ainsi du soin de donner à plusieurs reprises des sirops de miel, qui, quelquefois (si on n'est pas bien attentif à rétrécir les entrées des ruches, ou à enlever ces sirops pendant le jour) attirent les étrangères, et occasionnent le pillage entier de la peuplade.

Si quelques ruches sont presque entièrement

dépeuplées pour avoir donné trop d'essaims, c'est aussi le temps d'en réunir plusieurs ensemble ; on évite par là le tracas minutieux et presque toujours inutile de les nourrir avec du sirop de miel, qui empêche rarement de les perdre en hiver ou au printemps : si cependant c'est absolument le goût de quelques personnes de donner de la nourriture aux abeilles, et qu'elles n'aient pas de miel en rayon, elles peuvent y suppléer avec du sirop de miel, ou par le procédé suivant :

Faites fondre à peu près partie égale d'eau et de miel, ou de miel et de vin, si ce dernier est très bon marché ; aussitôt que le miel est bien fondu, versez votre liqueur sur des assiettes, et recouvrez-la de paille hachée pour empêcher que les mouches ne se noient ; posez sur les tabliers de vos ruches les assiettes, et placez des briques dessous de manière à ce que le bas des rayons de cire touche, mais très légèrement, la liqueur ; et pour mettre un peu en mouvement les abeilles, aspergez, avec une petite branche trempée dans votre liqueur, le bas des rayons, et même un peu les abeilles. Ces moyens facilitent singulièrement le transport de la liqueur dans les gâteaux ; elle est toujours plus vite et plus sûrement enlevée, surtout lorsqu'il fait un peu froid.

Si on a des rayons de cire vides, la paille hachée est inutile; on emplit une quantité suffisante de ces rayons (auxquels on donne une forme à peu près ronde) avec la liqueur, et d'un côté seulement; on les pose dans les assiettes, ayant soin qu'il ne reste point ou très peu de cette liqueur sur ces assiettes: ces rayons empêchent encore infiniment mieux les abeilles de se noyer, que la paille hachée.

Les ruches auxquelles on donne de la nourriture sont ordinairement très faibles en population, on doit donc en rétrécir l'entrée de manière à ce qu'il n'y puisse passer que deux à trois abeilles à la fois, ou ôter cette nourriture pendant le jour, autrement les étrangères arriveraient en foule, et ruineraient entièrement la ruche.

Le temps où il est le plus essentiel de donner de la nourriture aux ruches faibles est le mois d'avril, parce qu'alors, avec peu de secours, on parvient à leur faire gagner la bonne saison: très souvent même on est obligé de continuer à les nourrir dans le mois de mai, parce qu'il n'est pas rare d'y voir huit et quelquefois dix jours de suite des pluies froides ou d'autres mauvais temps, qui font que la campagne leur refuse toute espèce d'aliment, dans le moment où elles consomment le plus à cause de la grande ponte de la reine. J'ai vu mourir les abeilles de ruches garnies de couvain, et par conséquent bien organisées, faute d'avoir reçu une demi-livre de miel. On doit donc, dans ces deux mois, visiter très souvent les ruches légères, et les soulever un peu pour voir si les abeilles en sont bien vives : si on s'aperçoit qu'elles soient moins alertes qu'à l'ordinaire dans quelques ruches, il faut de suite les arroser légèrement avec une petite branche trempée dans un mélange tiède d'eau et de miel pour leur redonner des forces, et mettre en outre sur leur tablier des rayons de cire remplis de la même liqueur, posés dans des assiettes, et que l'on ôte soigneusement pendant le jour, crainte du pillage. Je ne conseille cependant pas d'attendre, pour les secourir, qu'elles donnent des signes de faiblesse ; la légèreté des ruches doit presque toujours être un indice suffisant pour en indiquer la nécessité.

§. 27. *Essai sur les Causes et les Préservatifs du pillage des ruches, et de l'Invasion de la fausse teigne.*

Outre les procédés indiqués (§. 28 et 29), qui préviennent, en très grande partie, les pillages, j'ai remarqué que les ruches sujettes à être pillées par les étrangères, ou envahies par la fausse teigne, sont presque toujours des ruches-mères qui se sont énervées, et presque entièrement dépeuplées par l'émission de trop d'essaims : ces ruches ayant du miel disséminé dans une assez grande quantité de gâteaux, ne peuvent pas aisément couvrir et garder tous ces gâteaux; les mouches étrangères, les papillons et vers de fausse teigne, trouvant ce miel sans défense, s'y introduisent petit à petit, et finissent par tout gâter, ou n'y rien laisser.

Avec mes ruches à hausses, j'ai la facilité de ne laisser qu'une quantité de miel aisée à couvrir et à garder par les abeilles restantes, en ôtant les hausses qui contiennent des gâteaux trop épais ou remplis de vieux pollen gâté. Si ces ruches sont tellement dépeuplées qu'il n'y ait aucun espoir qu'elles puissent réussir, j'en réunis plusieurs ensemble dès la fin du mois d'août, dans le courant de septembre, ou quelquefois même au commencement du printemps; et ainsi, tout en m'appropriant une partie de leurs richesses, il devient encore beaucoup plus probable qu'elles pourront gagner la bonne saison.

Lorsque, par un accident quelconque, il vient à couler beaucoup de miel d'une ruche sur son tablier, il est nécessaire d'en rétrécir momentanément l'entrée, crainte du pillage par les étrangères; cette opération, en augmentant la chaleur de la ruche, oblige quelquefois les abeilles de sortir en grand nombre, et à faire ce que l'on appelle la *barbe*; mais cela n'a aucun inconvénient, la porte n'en est que mieux et plus sûrement gardée; et aussitôt que le calme est rétabli, on rend à l'entrée de la ruche sa largeur ordinaire. Au reste, ces accidens n'arrivent presque jamais avec les ruches à hausses; ils sont plus communs avec les villageoises perfectionnées, et très fréquens avec les ruches de l'ancienne forme, lorsqu'on veut prendre du miel au fond de ces ruches, en écartant seulement un peu les abeilles avec de la fumée.

Les vers de fausses teignes ont beaucoup plus de facilité à s'introduire dans les ruches d'osier, de bourdaine, ou autres de cette espèce, à cause des trous multipliés qu'elles trouvent dans leur tissu intérieur pour s'y cacher, que dans celles en paille; on doit donc préférer ces dernières, quelque forme qu'ait d'ailleurs la ruche que l'on adopte.

Si, malgré les précautions indiquées ci-dessus, un pillage vient à se déclarer (ce qui se reconnaît à un nombre prodigieux d'abeilles qui entrent et sortent en foule de la ruche avec une vitesse extraordinaire, et cela est très souvent d'autant plus sensible que c'est la seule ruche dont les abeilles soient un peu fort en mouvement; elles déchirent les pellicules qui sont sur les alvéoles à miel et même la cire, en couvrent le tablier, et encore souvent, par leurs mouvemens accélérés, en entraînent quelques parcelles dehors), il faut sans balancer en sauver les restes, si le pillage provient de la faiblesse ou de la désorganisation de la ruche, d'abord, à cause du miel que l'on en retire, et en second lieu, de crainte que le concours des abeilles, augmentant encore, elles ne viennent à piller les voisines, dès qu'elles ne trouveraient plus rien dans la première.

Lorsque la ruche est de l'*ancienne forme*, on chasse les pillardes en frappant avec deux petits bâtons sur cette ruche jusqu'à ce que toutes ou presque toutes les abeilles l'aient abandonnée; ce qui détache quelquefois des rayons et fait couler le miel.

Si c'est une ruche *à hausses*, ou une *villageoise perfectionnée*, l'opération est beaucoup plus facile et plus sûre; on détache le couvercle, et on pose les hausses ou le corps de ruche sur le tabouret fumant, pour obliger les abeilles de les abandonner.

Si le pillage est occasionné par une chute, ou par tout autre accident qui ferait couler le miel, on peut sauver la ruche si on s'en aperçoit avant qu'il soit fort avancé; à cet effet, on la secoue un instant légèrement, après l'avoir renversée entre les pieux qui soutiennent le tablier; on la couvre d'une toile de canevas, que l'on assujettit bien avec une ficelle, et on la replace ainsi à jour sur les quatre pieux; les pillardes ne pouvant plus y pénétrer, cessent bientôt de l'assiéger; les abeilles de l'intérieur de la ruche ayant beaucoup d'air à travers la toile de canevas, ne souffrent nullement, et, reprenant courage, l'ordre se rétablit dans la ruche. Au bout de quelques heures, on ôte la toile de canevas, et on replace la ruche sur son tablier, ayant soin de rétrécir l'entrée; on la surveille cependant encore quelque temps avec beaucoup de soin, afin de l'envelopper une seconde fois si le pillage voulait recommencer.

§. 28. *Nettoiement des Tabliers des ruches.*

Le nettoiement des tabliers, et au besoin du bas même des ruches, effectué en général tous les mois, et plus souvent en quelque saison, ou pour certaines ruches, les préserve, en très grande partie, de l'invasion de la fausse teigne, et de beaucoup d'autres accidens.

Pour faciliter cette opération, on doit toujours mettre une nouvelle hausse dès que la plus inférieure est pleine à moitié, ou à peu près ; par ce moyen, les édifices ne touchant jamais le tablier, les vers de fausses teignes s'y introduisent difficilement, et les abeilles se dérangent très peu pendant le nettoiement.

Dans toutes les saisons, excepté les jours où les abeilles sont colères, on doit choisir les matinées humides pour les nettoyer, afin d'écraser plus facilement les papillons de fausses teignes qui sont ordinairement sous le pot qui coiffe le surtout, et de détruire les nids de souris, les araignées et leurs toiles.

En été et en automne, il est des jours où les abeilles sont extrêmement farouches dans les matinées humides : on doit attendre, dans ce cas, que le soleil darde ses premiers rayons, et les mettre en état de bruissement (§. 6).

En hiver, un givre, une petite gelée, sont des temps très propres au nettoiement. Dans cette saison, lorsque le temps est à la pluie ou tellement doux que les abeilles sortent un peu, elles sont volontiers colères : si la quantité des abeilles tombées sur les tabliers rend le nettoiement très urgent, on doit, sans déplacer les ruches, les soulever un peu d'un côté, et avec une plume à écrire, emmanchée au bout d'un petit bâton, faire tomber à terre ces abeilles.

Pendant les fortes gelées, les mouches mortes

ne peuvent infecter les ruches; il est donc inutile d'y toucher tant qu'elles durent, seulement il faut bien regarder si les souris n'élargissent ou ne frayent pas quelques entrées pour s'y introduire.

On ne doit toucher aux essaims que pour y ajouter des hausses et sans les pencher, crainte d'en ébranler les fragiles édifices.

Pour nettoyer les ruches avec facilité, on fait tomber à terre ou dans une corbeille, avec une brosse, tout ce qui se trouve sur le tablier; on passe aussi la brosse ou la main sous le bas de la ruche, pour en détacher les vers qui pourraient y être restés.

§. 29. *Entrées ou Portes des ruches.*

Ces entrées doivent être proportionnées à la saison et à la population plus ou moins grande des ruches. Depuis le 1er avril jusqu'au 1er septembre, je donne, à celles des ruches bien peuplées, trois à quatre pouces de largeur, sur quatre à six lignes de hauteur, en ayant l'attention de soulever la ruche, près de son entrée, sur de petites cales de trois à quatre lignes d'épaisseur, clouées à cette ruche par de fortes pointes de Paris, enfoncées à la main dans le rouleau de paille, aussitôt que je m'aperçois que les abeilles s'efforcent elles-mêmes d'agrandir l'ouverture. Pendant les mois de mai, juin et juillet, je ferme rarement les entrées des hausses que je donne aux ruches fortes, et qui se trouvent avoir ainsi plusieurs ouvertures à la fois. Depuis le 1er septembre jusqu'au 1er avril, je rétrécis, des trois quarts environ, les entrées avec les cales qui servaient, dans la bonne saison, à tenir les ruches soulevées, et qui sont alors très utiles pour boucher, en grande partie, leurs entrées. Vers la mi-octobre, j'enfonce, dans le dernier rouleau de paille, des épingles qui y restent jusqu'en avril, pour former devant l'entrée un grillage assez serré pour empêcher les souris de pénétrer dans mes ruches, mais suffisamment écarté pour que les abeilles puissent entrer et sortir avec facilité. Je proportionne les entrées des ruches moins peuplées aux besoins de la colonie, en observant dans les rétrécissemens successifs, nécessités par les saisons, à peu près les mêmes gradations que ci-dessus. Cette manière d'agir, jointe aux fréquens nettoiemens, prévient, en très grande partie, les pillages, l'invasion de la fausse teigne, et les ravages de la souris.

§. 30. *Tabliers ou Appuis des ruches, et leurs Supports.*

Je ne me sers actuellement que de tabliers en bois ou en paille. Ces derniers, qui se font de la même manière que les couvercles des ruches, excepté qu'ils sont plats, sont peu coûteux et très commodes ; on les fait d'un diamètre un peu plus grand que celui des ruches, pour faciliter la rentrée des abeilles lorsqu'elles reviennent en foule des champs : j'enduis ces tabliers simplement avec de la bouse de vache : ceux en bois se font avec de petits bouts de planches joints ensemble, et solidement cloués à une ou deux traverses. Si la planche est épaisse de dix-huit lignes, elle peut suffire sans traverse.

Je pose les tabliers sur quatre bons pieux, en bois de chêne, dépouillés de leur écorce et bien enfoncés en terre : ces pieux doivent s'élever de douze à dix-huit pouces hors de terre. Je fixe les tabliers aux pieux, au moyen d'attaches absolument semblables à celles qui lient les couvercles avec les hausses ou corps de ruche, *voyez fig.* 9 ; après avoir préalablement cloué à chaque pieu un gros fil de fer représenté par la *fig.* 4, et un autre semblable dans le tablier, s'il est en bois. J'attache pareillement mes ruches à leurs tabliers, afin que les grands vents ne puissent les renverser, quelqu'élevées qu'elles soient. De cette manière, mes tabliers peuvent s'ôter à volonté de dessus les pieux, et on peut soulever une ruche pour en connaître le poids, sans déranger les abeilles, en laissant le tablier lié à sa ruche. Si, lorsque l'on a ajouté de nouvelles hausses, les ruches ne sont plus bien droites ou perpendiculaires, on y remédie facilement en donnant quelques coups, avec un gros marteau, sur les pieux trop élevés. On peut aussi, pour simplifier, attacher directement les ruches aux pieux, en courbant, au besoin, quelques unes des attaches en fil de fer auxquelles on a donné une longueur suffisante.

§. 31. *Mortier propre à luter ensemble les hausses et les couvercles.*

Toutes les espèces de mortiers me paraissent convenables; je ne me sers, depuis quelques années, que de la bouse de vache seule, parce que je la crois un des meilleurs.

§. 32. *Surtouts des Ruches.*

Je choisis pour les faire, la paille de seigle la plus longue que je puis trouver; elle m'est indispensable pour garantir de la pluie mes ruches, dont une assez grande partie sont fort hautes, étant composées de cinq à six hausses outre le couvercle; je les fais aussi très épais, en sorte qu'ils pèsent de douze à quinze livres chacun : j'y trouve le très grand avantage, en été, d'empêcher la grande chaleur du soleil de pénétrer mes ruches, et, en hiver, d'en garantir tellement les abeilles, que ses faibles rayons ne puissent les mettre aisément en mouvement.

La manière de faire mes surtouts, qui sont très solides, est extrêmement facile. On prend une poignée de paille de seigle par le gros bout, on la traverse, à trois à quatre pouces près de ce gros bout, par une broche en gros fil de fer de la longueur d'un pied environ. On fixe solidement, à cette même broche, un autre fil de fer plus mince recuit, c'est-à-dire que l'on a préalablement fait rougir au feu, tenu à l'autre bout dans un petit étau, ou de toute autre manière : au moyen du fil de fer bien attaché à la broche de gros fil de fer que l'on a dans la main, et maintenu fixement à l'autre bout, on serre fortement la première poignée en faisant deux tours avec le fil de fer; après quoi on fixe, et on arrête ce fil à la broche, en lui faisant faire aussi deux tours sur cette broche. On se fait donner ensuite, par une autre personne, une deuxième, une troisième, etc., très petites poignées de paille, que l'on ajoute à la première en tournant et étendant assez ces poignées subséquentes, pour que l'on puisse, en tirant avec force et par élans, les serrer suffisamment; on peut d'abord faire ainsi deux tours en spirale, après quoi on fait un troisième tour sans mettre de nouvelle paille, mais seulement pour serrer toujours plus fortement la première, et on fixe et arrête le fil de fer à la broche comme ci-dessus. On continue de même à se faire donner de petites poignées de paille; mais on ne fait plus qu'un tour de spirale chaque fois, non compris celui que l'on fait sans mettre de la paille pour la serrer plus vigoureusement. Lorsque le surtout est du poids de douze à quinze livres, on plie les bouts de la broche sur la paille du surtout, et on élague un peu cette paille avec une faux démanchée nouvellement battue et bien tranchante, pour pouvoir le coiffer avec facilité d'un pot ou terrine, et on retranche une partie des épis.

Les cercles ou cerceaux qui ont déjà servi sur les tonneaux sont excellens pour maintenir la paille des surtouts, parce qu'ils ont exactement la forme ronde.

La méthode de faire les surtouts, enseignée ci-dessus, est excellente, mais un peu difficile à saisir. Je vais donc en indiquer une autre plus facile.

Liez séparément, et serrez fortement, avec du fil de fer recuit ou de la ficelle, une quantité suffisante de poignées de paille, à quatre pouces environ du gros bout, pour former un surtout du poids marqué ci-dessus; formez-en une botte avec un fil de fer recuit un peu fort, et que vous serrerez le plus qu'il vous sera possible : pour empêcher ces poignées de se désunir, traversez cette botte en divers sens avec des broches en fil de fer, un peu en dessous des liens particuliers des poignées de paille, mais très près, ou même en dedans de ces liens si vous le pouvez, et fixez ces broches au lien principal qui enveloppe le surtout, en les recourbant aux deux extrémités, ou par tel autre moyen que bon vous semblera, et achevez le surplus de l'opération comme ci-dessus.

§. 33. *Sites, Expositions ou Contrées favorables aux Abeilles, et Semis et Plantations propres à les faire prospérer.*

Les pays de prairies naturelles ou artificielles, de bois surtout composés d'arbres résineux, de bruyères, ceux où l'on cultive en grand le sarrasin ou blé noir, sont, en général, les plus favorables aux abeilles.

Quant à l'exposition ou aspect du rucher, on

est assez d'accord généralement en France, que la meilleure est au levant, inclinant au midi; mais il est essentiel surtout :

1°. Qu'il soit près de l'habitation, et, pour ainsi dire, sous les yeux du propriétaire, pour qu'il puisse veiller aux essaims avec facilité;

2°. Qu'il soit écarté des étangs, lacs ou grandes pièces d'eau, qui occasionnent, par les orages et les grands vents, la perte d'un grand nombre d'abeilles;

3°. Qu'il soit placé dans un terrain où il y ait quantité d'arbres nains et autres, pour recevoir les essaims à leur premier vol. Mais ce qui peut corriger quelques défauts qui se trouveraient à l'exposition du rucher, ce sont les surtouts très épais, comme du poids de douze à quinze livres, coiffés d'un pot ou terrine; ils garantissent merveilleusement les ruches de l'humidité, des chaleurs excessives, ainsi que de toutes les autres intempéries des saisons.

On doit planter aux environs du rucher toutes sortes d'herbes odoriférantes, comme thym, romarin, sarriette, lavande, marjolaine, etc.; et si l'on veut faire prospérer et multiplier les abeilles, il faut cultiver en grand les plantes qui leur conviennent, mais le plus près possible, et toujours à moins d'une demi-lieue du rucher; ce sont principalement les luzernes, trèfles, sainfoins, et surtout le sarrasin ou blé noir, dont les fleurs tardives leur fournissent des récoltes abondantes en miel, au moment où, dans les pays privés de cette culture, elles sont déjà obligées de rester dans l'inaction, et de vivre sur leurs provisions d'hiver. Il est à remarquer que toutes ces plantes produisent d'excellens fourrages, ou des grains propres à la nourriture des bestiaux, qu'elles reposent les terres et les disposent parfaitement à donner, par la suite, de magnifiques récoltes en blé ou autres céréales.

Nos arbres indigènes, qui fournissent le plus de miellée, sont les chênes, les érables, les coudriers, les tilleuls, les ronces, etc. Les arbres verts ont l'avantage d'en fournir deux fois l'année; et parmi les arbres étrangers, les orangers, les citronniers, le sophorica japonica et les acacias sont les meilleurs pour les abeilles.

§. 34. *Procurer de l'eau aux Abeilles.*

S'il n'y a pas d'eau dans le voisinage du rucher, on doit enterrer, à fleur de terre, un ou plusieurs baquets d'un pied environ de hauteur, à proximité de ce rucher, au fond desquels on met un peu de terre, et qu'on achève d'emplir avec de l'eau dans laquelle on plante quelques brins de cresson de fontaine pour la tenir pure, et empêcher les mouches de se noyer.

§. 35. *Fontes de neiges et dégels.*

Lorsque la neige fond, on doit empêcher les abeilles de sortir, en mettant une nouvelle épingle entre chacune de celles qui existent déjà aux entrées des ruches (§. 29); faute de cette précaution, presque toutes les abeilles sorties, étant éblouies, tombent et périssent.

Lors des dégels, les tabliers se couvrent de l'eau produite par les vapeurs qui s'exhalent des abeilles; il faut les essuyer soigneusement.

§. 36. *La Dyssenterie.*

La dyssenterie se manifeste ordinairement à la fin de février ou au commencement de mars. Elle me paraît occasionnée par l'humidité qui pénètre les ruches, soit parce qu'elles sont mal couvertes ou placées trop près de terre, ou parce que les tabliers se couvrent d'eau : il faut donc, pour la prévenir, beaucoup aérer les ruches, et bien essuyer les tabliers.

§. 37. *Le Couvain mort ou avorté.*

Il est bien rare que les abeilles ne puissent s'en débarrasser. Cependant, si la peuplade est très faible, et qu'on aperçoive des rayons qui en soient infectés ou même de mouches mortes, il est utile de les enlever, crainte qu'ils ne produisent quelques maladies.

§. 38. *La Rougeole, le Rouget ou la Cellure.*

C'est du pollen mis en réserve par les abeilles qui, en vieillissant, a pris une consistance telle qu'elles ne peuvent plus en faire usage. On doit en débarrasser le plus possible les abeilles, sans cependant toucher au miel qui s'y trouverait mêlé, s'il était nécessaire à leur provision d'hiver.

§. 39. *L'Indigestion et le Vertige.*

Si le froid survient, lorsqu'une abeille est bien remplie de miel, elle ne peut le digérer, et périt; on doit donc éviter de donner de la nourriture aux abeilles hors de leur ruche aux approches de la nuit ou par des temps froids.

Le vertige, qui attaque quelquefois les abeilles aux mois de mai et juin, paraît occasionné par les fleurs des ombellées, c'est-à-dire des plantes dont les fleurs sont en ombelle ou parasol, telles que l'angélique, la carotte, la ciguë, le persil, etc.; on doit les écarter du rucher.

§. 40. *Les Guêpes et le Sphinx à tête de mort.*

Les guêpes et les frelons tuent et pillent les abeilles; on détruit les guêpières en y coulant de la terre délayée, et en battant bien ensuite l'entrée avec de la terre plus ferme.

Le sphinx à tête de mort est un grand papillon qui fait entendre un son aigu et plaintif; il épouvante tellement les abeilles, qu'à son approche elles se mettent toutes en mouvement pour rétrécir l'entrée de leur ruche : il paraît ordinairement en septembre. Pour prévenir ses ravages, on doit rétrécir et griller les entrées, surtout si l'on s'aperçoit de quelques mouvemens dans le rucher.

Ce redoutable ennemi des abeilles, que l'on confond quelquefois avec la chauve-souris, ne vole qu'aux mêmes heures, c'est-à-dire à l'aurore, au crépuscule ou à la clarté de la lune; quelquefois une seule nuit lui suffit pour ruiner une peuplade entière.

§. 41. *Les Pics, Piverts ou Toquebois, la Mesange et les Moineaux.*

On doit veiller, en hiver, à ce que les piverts ne percent pas les ruches, et, en été, il est prudent d'empêcher, le plus que l'on peut, les moineaux et autres oiseaux qui se nourrissent, eux et leurs petits, de mouches, de nicher trop près du rucher.

§. 42. *Les Souris, les Araignées et le Crapaud.*

L'invasion des souris, mulots, etc., est facile à prévenir, en grillant soigneusement les portes ou entrées des ruches pendant la mauvaise saison (§. 29). Quant aux araignées, on les tue, et on déchire leur toile lors des nettoiemens des tabliers, et on ne fait aucune grâce aux crapauds que l'on voit rôder à l'entour du rucher.

§. 43. *Les Ruchers.*

Il y a des ruchers de deux sortes; les ruchers couverts ayant la forme de petits bâtimens, et les ruchers en plein air. Je préfère ces derniers, parce que l'on peut tourner à l'entour de chaque ruche sans déranger les ruches voisines.

§. 44. *Achat des Ruches.*

On peut acheter et charroyer en tout temps les abeilles placées dans mes deux espèces de ruches, en prenant quelques précautions dans les grandes chaleurs (§. 23). Si les abeilles achetées ne sont pas à plus d'une demi-lieue du rucher, on ne doit les transporter que dans les mois de décembre, janvier et février, autrement une partie de ces mouches retourneraient à leur ancienne position, et seraient perdues pour le propriétaire.

Les ruches que l'on achète doivent être du poids de trente à quarante livres au moins : la cire doit être de bonne odeur, et pas très noire.

CINQUIÈME PARTIE.

EXAMEN CRITIQUE DES DIVERSES ESPÈCES DE RUCHES CONNUES JUSQU'A PRÉSENT.

§. 45. *Ruche à feuillets ou en livre.*

Je ne saurais trop recommander aux amateurs la ruche à feuillets ou en livre de M. Huber (on en trouve la description dans son ouvrage et dans celui de M. Lombard) : elle est excellente pour les observations et même pour la partie économique ; mais elle est un peu coûteuse pour le commun des agriculteurs, en raison de ses châssis ou feuillets, portes et toits en menuiserie, de ses vitrages, ferrures, etc. Mes ruches à hausses sont aussi faciles, au moins pour la dépouille, et infiniment moins dispendieuses. Ces ruches, au reste, demandent une attention continuelle pour veiller à redresser chaque rayon séparément, si les abeilles s'écartent du plan tracé par l'observateur.

§. 46. *Ruche villageoise ou lombarde.*

Voyez, pour la forme que M. Lombard avait donnée à sa ruche, la description de mes deux espèces de ruches, en tête du présent, dans laquelle j'ai avancé que les transvasemens prescrits par son auteur occasionnaient la perte d'une très grande partie du couvain. Pour prouver cette assertion, je vais extraire de son ouvrage un seul précepte.

« Les couvercles des ruches doivent être con- « vexes ou bombés, afin que les eaux des va- « peurs qui s'élèvent au haut pendant l'hiver « puissent trouver une pente pour descendre « dans la circonférence, le long des parois des « ruches ; ces couvercles ne doivent pas avoir « plus de quatre à cinq pouces de profondeur, « afin de ne pas y trouver du couvain lors de la « dépouille. »

Puisqu'on peut trouver du couvain jusque dans le couvercle, et qu'il est assez rare que la hausse supérieure de mes ruches, qui n'a que quatre à cinq pouces, n'en renferme pas, il est hors de doute qu'en s'emparant du corps de ruche, de douze à quinze pouces de hauteur, on enlève la presque totalité du couvain : aussi M. Lombard n'en a-t-il point parlé ; il est trop ami de la vérité, et trop modeste dans ses discours pour chercher à en imposer à ses lecteurs : ne connaissant donc aucun autre moyen de renouveler les édifices de ses corps de ruche, il fermait les yeux sur un inconvénient qu'il ne pouvait empêcher, et qui est, au surplus, avec le plancher massif, les seuls considérables que je connaisse à sa ruche, excellente pour tout le reste.

Comparons actuellement les produits présumés que M. Lombard peut prétendre, pendant quelques années, d'une ruche en transvasement, mis en opposition avec ceux que je dois avoir d'une de mes ruches à hausses de même force.

M. Lombard pose en précepte : « On ne doit « mettre en transvasement que des ruches plei- « nes et lourdes. . . »

Je puis donc, dans l'instant même où il met sa ruche en transvasement, prendre à la mienne, outre son couvercle plein de beau miel nouveau, une partie de la hausse supérieure, en la taillant en forme convexe, pour en préparer le renouvellement à la plus prochaine récolte (§. 18).

Je répéterai facilement la même dépouille lorsqu'il s'emparera de son corps de ruche.

Je puis raisonnablement supposer que je prendrai encore un couvercle plein, avant que sa ruche ne soit un peu rétablie de la perte totale de son corps de ruche.

Il est donc probable que j'aurai pris trois couvercles et une hausse de miel tout en renouvelant sans cesse, mais petit à petit, les édifices de mes abeilles, sans toucher au couvain, tandis que M. Lombard n'aura pu enlever que son corps de ruche, partie en miel et partie en couvain, au grand risque de ruiner sa peuplade, et avec la certitude d'en avoir au moins diminué de beaucoup la population.

Mais venons à l'estimation du corps de ruche. Si je présume moitié en miel et le reste en couvain, pollen ou cire vide, je suppose les chances favorables à M. Lombard; or, un corps de ruche forme l'étendue de trois hausses, c'est donc une hausse et demie pour sa récolte totale: je dois donc récolter au moins deux couvercles de plus sans rien risquer, et en conservant tout le couvain.

Il en est de même à l'égard de ma ruche villageoise perfectionnée, c'est-à-dire qu'à l'instant où M. Lombard met sa ruche en transvasement, je puis prendre à la mienne, outre son couvercle, un tiers de la partie supérieure du corps de ruche, répéter la même dépouille au moment où il s'empare de son corps de ruche, et prendre au moins l'autre tiers de la partie supérieure de mon corps de ruche, en attendant que la sienne se rétablisse un peu de son transvasement, ce qui me donne le même résultat probable qu'avec mes ruches à hausses. J'ai encore un autre avantage très considérable par ma méthode; il arrive souvent qu'une ruche bien lourde, au lieu d'augmenter en force dépérit de jour en jour, probablement parce que le miel devient grenu et nuisible aux abeilles : or, ce que j'ai pris, je l'ai toujours, tandis que par ces procédés qui consistent à attendre des deux et trois ans, on finit souvent par ne rien avoir; les transvasemens de M. Lombard ont, en cela, beaucoup d'analogie avec la ruche de M. Ducouëdic, contre laquelle il se récrie avec raison.

Voici les causes de la beaucoup plus grande rapidité du travail des abeilles, par ma manière de les diriger que par la méthode de M. Lombard. Avec mes ruches, aussitôt que les abeilles ont un médiocre superflu, on le leur enlève; et comme leur instinct les porte à amasser toujours un peu plus qu'il ne leur faut pour passer l'hiver, on les tient ainsi dans une activité perpétuelle, outre que, n'enlevant ni couvain ni pollen, les abeilles ne sont nullement dérangées, et ne souffrent aucun retard ni interruption dans leurs travaux : il en est bien différemment de M. Lombard, qui ne peut effectuer ses transvasemens que lorsqu'elles ont un superflu, en quelque sorte prodigieux (1);

(1) Ceci est à plus forte raison applicable aux trois ruches ou caisses de dix à seize pouces de hauteur chacune, que met l'une sur l'autre M. Ducouëdic.

car, lorsque les abeilles ont une quantité suffisante d'édifices, elles ralentissent considérablement leurs travaux, ainsi qu'on peut le remarquer facilement à l'activité extraordinaire des essaims, et à leur promptitude, presque incroyable, pour remplir d'édifices leurs nouvelles ruches, comparés aux autres ruches, ou même à leur peu de célérité à construire des rayons le deuxième mois depuis leur établissement, comparativement à celle si grande du premier mois. Dans une ruche-mère, prête à produire de nombreux essaims, les édifices n'augmentent pas même sensiblement avant leur sortie ; au contraire, lorsque ces essaims (qui ne sont que des fractions de la peuplade entière) sont établis dans leurs nouvelles ruches, ils les remplissent avec une vitesse telle, que quelquefois, au bout d'un mois environ, la ruche ne pouvant déjà plus suffire à contenir ses nombreux habitans, elle produit elle-même un nouvel essaim.

§. 47. *Ruche pyramidale de M. Ducouëdic.*

Voici l'intitulé de cet ouvrage :

« La ruche pyramidale, méthode simple et « naturelle pour rendre perpétuelles toutes les « peuplades d'abeilles, et obtenir, de chaque

« peuplade, à chaque automne, la récolte d'un « panier plein de cire et de miel, sans mou- « ches, sans couvain, outre plusieurs essaims; « *avec l'art de rétablir* et d'utiliser, au retour « de l'été, les ruches des *essaims* dont les peu- « plades auraient péri en automne, dans l'hi- « ver ou au printemps, en faisant éclore les « œufs restés dans les alvéoles. »

La nature changera-t-elle donc ses lois ordinaires, et n'y aura-t-il plus d'années absolument stériles en miel ou en essaims? Je ne le crois pas, car j'en ai déjà vu d'absolument contraires à la sécrétion du miel et à la sortie des essaims, depuis l'impression de l'ouvrage de M. Ducouëdic; il cherche donc à en imposer à ses lecteurs, par les brillantes promesses qu'il fait dans la première partie de son intitulé.

On lit, page 34 de son ouvrage, seconde édition : « Tant que le bourdon existe et qu'il « butine, à la manière des abeilles, sur les « fleurs et sur les plantes, les substances dont « il se nourrit se forment en miel chez lui « comme chez les abeilles... »

Voudrait-on une preuve plus complète de la profonde ignorance de M. Ducouëdic sur les abeilles, que de le voir envoyer les faux-bourdons à la récolte?

La ruche pyramidale de M. Ducouëdic se

compose de trois ruches ou caisses, de dix à seize pouces de hauteur, sur autant de diamètre, posées l'une sur l'autre, et n'ayant, pour toute communication, qu'un trou rond de quinze à dix-huit lignes. J'observe, 1°. que ses planchers ne peuvent manquer de gêner beaucoup les abeilles; 2°. qu'il ne peut enlever ses caisses, de dix à seize pouces, sans emporter une très grande partie du couvain; 3°. qu'il ne doit récolter que rarement de bon miel, et en voici les raisons : l'auteur convient lui-même que ses abeilles s'occupent communément, la première année, à remplir la première caisse; la seconde année, la deuxième caisse; et que ce n'est qu'en septembre, de la troisième année, que ses abeilles, ayant garni sa ruche d'édifices suffisans, peuvent avoir abandonné entièrement la caisse supérieure; d'où je conclus qu'il ne récoltera ordinairement que du miel de trois ans, ce qui ne peut manquer de le détériorer beaucoup, joint à cela que le vieux miel grenu est presque toujours plein de vieux pollen gâté. A la vérité il prétend, page 66, que la cire seule aura trois ans, mais que le miel sera de l'année, supposant que les abeilles auront tout consommé pendant l'hiver : il faut donc, dans cette hypothèse, que les essaims de M. Ducouëdic n'amassent jamais les deux premières années, quelque favorables qu'elles soient, que précisément pour leurs provisions d'hiver; mais que la troisième, et celles subséquentes, quelque peu fécondes qu'elles soient, ses abeilles lui amassent, outre leurs provisions d'hiver, une belle et bonne ruche pleine de miel, sans couvain, et qu'elles aient, en outre, la précaution de la quitter toutes, absolument toutes, pour qu'il n'éprouve aucun embarras à en faire la dépouille. On sent l'absurdité d'une pareille supposition.

Les abeilles, lorsqu'elles ont rempli une première ruche, et une deuxième déjà en partie, ralentissent considérablement la construction de leurs édifices, ainsi que je l'ai prouvé (§. 46); et au surplus, les abeilles ne pourraient quitter entièrement la ruche ou caisse supérieure (ainsi que le prétend M. Ducouëdic), sans laisser la plus grande facilité aux fausses teignes de s'y introduire et d'y tout gâter, outre que les édifices, faute d'être habités, seraient bientôt moisis et détériorés.

L'ouvrage de M. Ducouëdic commence par un certificat qui constate qu'une ruche n'ayant que des œufs, fin de juin et commencement de juillet, est devenue, par la seule chaleur du soleil qui a fait éclore ces œufs, et sans le secours d'aucune abeille, dès le 2 août suivant, c'est-à-dire en un mois de temps environ, la plus forte du rucher; or voici le système de M. Ducouëdic, sur la reproduction des abeilles, indiqué page 17 et de 234 à 241 de son livre, et qui sert de base à cette monstrueuse imposture :

« La reine pond un œuf qu'elle colle au fond « d'un alvéole.... Aussitôt que l'œuf a été fé« condé par les bourdons, les abeilles ferment « et scellent, d'une pellicule de cire, l'alvéole « qui contient cet œuf... Cet individu à naître « restera dans cette espèce de tombeau pen« dant l'automne et l'hiver, et ce n'est qu'au « retour de la chaleur de l'atmosphère, jointe « à celle de l'intérieur de la ruche, que l'œuf « fermentera et produira un ver, qui se forme « par sa propre essence une robe dont il s'en« veloppe, devient bientôt une nymphe, et « enfin une jeune abeille qui rompt la pellicule « qui avait été mise sur l'œuf, et rejoint ses « compagnes.... Il ne faut donc à cet insecte « ni nourrices, ni béquées, ni pâtées, quoi « qu'en disent les savans modernes, MM. Hu« ber, Bosc et Lombard. »

Il résulte évidemment de ce système qu'un œuf, aussitôt qu'il a été fécondé, serait fermé d'une pellicule de cire, et resterait dans son alvéole ainsi renfermé jusqu'à ce qu'il en sortît de lui-même, et sans aucun secours, en une mouche toute formée ; on ne verrait donc jamais dans les alvéoles, à moins que l'on ne déchirât ces pellicules, ces vers de tous âges, dont les uns sont presque aussi petits que les œufs, d'autres remplissent l'alvéole à un tiers, à moitié, aux trois quarts, etc. ; or, c'est ce qui est absolument contraire à l'expérience, car j'en ai vu des milliers sans avoir déchiré de pellicules.

On verrait aussi quelquefois des pellicules, surtout en hiver, sous lesquelles il n'y aurait rien autre chose qu'un œuf : or c'est ce qu'on ne voit pas ; je n'ai jamais levé de pellicule que je n'aie trouvé une nymphe ou une jeune mouche toute formée.

Il est d'ailleurs si faux de supposer que les jeunes vers puissent se passer des soins des abeilles nourrices, que si l'on sort de la ruche, lors de la dépouille, un rayon contenant de jeunes vers, au bout d'un quart d'heure on les voit déjà se traîner hors des alvéoles, poussés probablement par la faim qui les presse, et périr bientôt après ; c'est ce dont tout le monde peut s'assurer aisément, et qui est bien loin de s'accorder avec la fameuse résurrection des ruches mortes, au moyen des œufs seuls, sans le secours d'aucune abeille.

Il serait au surplus ridicule de croire qu'un

œuf enfermé dans un alvéole d'abeille, qui en contiendrait peut-être mille, puisse prendre un accroissement capable d'emplir cet alvéole sans aucune nourriture, on n'a aucun exemple semblable dans la nature.

§. 48. *Ruches à hausses de M. Palteau.*

Les hausses de M. Palteau sont carrées, en menuiserie, assemblées en queue d'aronde; elles sont séparées les unes des autres par des planchers au milieu desquels il y a un seul trou carré de trois à quatre pouces : ces ruches sont fort coûteuses; elles rendent nécessaire la coupe des rayons par le fil de fer, au risque d'écraser beaucoup d'abeilles au nombre desquelles pourrait se trouver la reine; elles les forcent à se tenir divisées, en plusieurs pelotons, à cause de leurs planchers rapprochés; elles ont les dessus plats, ce qui est un défaut considérable (§. 1er); mais avec ces ruches on touche rarement au couvain.

Mes ruches à hausses, qui ont le même avantage quant au couvain, sont à l'abri de tous les défauts décrits ci-dessus, ont la forme ronde, bien plus avantageuse aux abeilles que la forme carrée, et par conséquent leur sont de beaucoup préférables.

§. 49. *Ruches à l'air libre.*

Il vient de paraître un traité sur les abeilles, intitulé *Des Ruches à l'air libre.*

Voici la description de cette ruche, copiée dans le traité même de MM. Martin, père et fils, page 5.

« La construction de notre ruche est fort « simple ; elle se divise en quatre parties mo- « biles superposées les unes sur les autres ; cha- « cune de ces parties se nommera *case*. Chaque « case est formée de deux tablettes en bois blanc « de trois lignes d'épaisseur, sur un pied carré « de surface. Chaque tablette a un trou carré de « dix-huit lignes au centre. Ces deux tablettes « sont réunies par quatre colonnes en bois, de « six lignes de diamètre sur quatre pouces de « hauteur, fixées entre les deux tablettes à di- « stances égales et à trois pouces des bords de « chaque face. On assujettit avec un clou d'é- « pingle chaque extrémité des colonnes. Cet « ensemble constitue une *case*.

« On superposera quatre cases semblables « pour la formation d'une ruche ordinaire. La « correspondance des trous doit parfaitement « exister. On bouchera celui qui sera tout-à-fait « à la partie supérieure de la ruche, mais de « manière à ce qu'on puisse l'ouvrir et fermer à

« volonté. On maintiendra l'assemblage de l'é-
« difice au moyen de deux fils de fer passés en
« croix sous la case inférieure, réunis et serrés
« sur la case supérieure. Dans la suite les
« abeilles, en propolisant les cases entre elles,
« en augmenteront encore la solidité.

« Le tout étant ainsi disposé, on enveloppe
« cet ensemble d'une simple toile, en laissant
« libre une des faces de la case inférieure ; c'est
« par où l'on devra introduire l'essaim, après
« quoi on devra le renfermer, en ménageant
« toutefois une petite ouverture, pour que les
« abeilles puissent entrer et sortir librement.

« L'essaim introduit se comporte là comme
« partout ailleurs ; il cherche à établir les fon-
« demens de ses gâteaux. Les parties latérales
« de cette ruche ne lui offrent guère de sécurité :
« aussi n'est-ce pas là qu'il commence d'abord ;
« c'est vers le centre de la case où il se trouve ;
« bientôt il envahit la seconde, ensuite la troi-
« sième, et enfin la dernière. Dans les années
« favorables, c'est l'affaire de huit à dix jours ;
« on peut alors enlever totalement la toile, qui
« ne tiendra que légèrement aux gâteaux : on le
« pourrait également au bout de quelques jours ;
« mais on risquerait de voir les abeilles se por-
« ter d'un seul côté, ce qui offrirait un travail
« irrégulier. Si, comme nous le conseillons,

« on attend que toutes les cases soient à peu « près remplies, alors la ruche présentera un « ouvrage régulier, qui se continuera dans le « même ordre.

« Ainsi mises à l'air libre, les abeilles conti-« nueraient tranquillement leurs travaux, si « l'état de l'atmosphère était toujours calme et « exempt de tout ce qui peut nuire essentielle-« ment à ces insectes ; car on conçoit que, « malgré la dénomination de ruche à l'air libre, « il faut cependant la mettre à l'abri de l'in-« tempérie des saisons. Les abeilles ne résiste-« raient certainement pas à l'ardeur du soleil « de certains étés, ni aux gelées des hivers, « pas plus qu'aux ouragans et aux pluies, etc. « On devra donc remplir les conditions néces-« saires, même aux autres ruches, pour les « garantir de ces incommodités, et leur faire « un surtout.

« D'abord les ruches seront placées chacune « sur un plateau ou tablier large de deux pieds ; « elles ne devront pas porter immédiatement « sur ce plateau ; on les exhaussera sur quatre « petites cales qui s'éleveront à un pouce envi-« ron du niveau du tablier. Il y a un avantage « à ne pas multiplier ces supports, c'est celui « de pouvoir clairement enlever tous les insectes « qui habituellement se nichent entre ces sortes

« de points d'appui. Les abeilles elles-mêmes « font souvent seules ce service.

« Toutes ces conditions remplies, dès qu'un « essaim est reçu et placé sur son tablier, on « devra aussitôt l'affubler de son surtout. Pour « le faire, on prendra deux cercles de tonneau, « dont on changera les formes pour leur don- « ner celles de deux *arches*, que l'on mettra en « croix l'une par-dessus l'autre; on les attachera « ensemble à la partie supérieure avec un fil « de fer. On maintiendra l'écartement des tiges « au moyen de deux autres cerceaux ronds, « placés horizontalement dans l'intérieur; ces « deux cerceaux seront solidement attachés à « chaque tiers de l'élévation des tiges. Cette « espèce de cage, qui devra avoir dix-huit « pouces de diamètre, en aura vingt-quatre de « hauteur, et sera recouverte de paille. Pour « cela on prendra de la paille droite et non « rompue, on l'attachera par petits paquets de « la grosseur du pouce autour du cerceau le plus « inférieur; ces petits faisceaux de paille seront « serrés le plus près possible les uns des autres. « Lorsque le tour sera garni, on réunira en- « semble à la partie supérieure toutes les sommi- « tés de la paille, que l'on serrera fortement. « Ce surtout, bien conditionné, sera peu dis- « pendieux et de longue durée; lorsqu'on en

« recouvrira une ruche, on mettra un cerceau « par-dessus, que l'on descendra presque jusque « sur le tablier.

« Dans la belle saison, il faudra multiplier les « issues que l'on pratiquera dans les surtouts, « pour, non seulement établir des courans d'air, « mais offrir aux abeilles plusieurs entrées. Nous « avons souvent remarqué que les ouvertures « supérieures sont très fréquentées par elles.

« Notre ruche d'observation ne diffère de la « précédente qu'en ce qu'elle est placée sous « une espèce de pavillon recouvert d'un coutil, « et que son surtout, également en coutil, est, « au moyen d'une poulie, extrêmement facile « à lever et à baisser. Cette double couverture « suffit pour garantir les abeilles du soleil et des « pluies pendant l'été, mais serait insuffisante « pour les froids rigoureux de l'hiver. Alors, « pour cette mauvaise saison, nous aurons plu- « sieurs moyens à offrir pour les en abriter. « D'abord, on pourra transporter la ruche dans « un endroit où la température ne s'abaissera « pas à plus d'un ou de deux degrés de froid, « et ne s'élevera guère que de cinq ou six au- « dessus de zéro. On pourrait employer aussi, « pour cette saison, le même surtout que celui « de nos autres ruches à l'air libre, et la laisser « ainsi dans le même lieu où elle se trouve pla-

« cée ; ou bien encore on pourra entourer la « ruche-mère d'une vieille couverture de laine, « qu'on maintiendrait avec quelques épingles. « On baisserait ensuite le surtout de coutil par-« dessus cette couverture, et la ruche n'aurait « plus rien à redouter du froid. Il faudrait mé-« nager seulement une petite sortie sur le de-« vant. »

On lit aussi, page 67 du même ouvrage :

« Le surtout sera spacieux, bien confectionné. « On évitera, conséquemment, que ses parois in-« térieures n'approchent de trop près les cases « de la ruche, de crainte que les abeilles n'en « prennent plus tard un point d'appui pour leurs « alvéoles ; il faut au moins quatre à cinq « pouces de distance tout autour. »

On voit, dans l'avant-propos de l'ouvrage, que les auteurs de la ruche à l'air libre n'ont considéré, jusqu'en 1825, cette ruche que comme une ruche propre à étudier les abeilles ; n'ont commencé leurs opérations en grand que cette même année 1825, en présumant qu'elle présentait des avantages pour la partie économique. Leur traité ayant paru au commencement de l'année 1826, ils n'avaient pas encore eu le temps de bien apprécier les résultats : je crois que leur travail a été prématuré. Je vais d'abord signaler une erreur importante, qui résulte des constructions des ruches et des surtouts comparés ensemble.

Les cases doivent avoir, d'après la description ci-dessus, un pied carré ; or, la diagonale d'une case ou tablette d'un pied carré, c'est-à-dire la longueur prise d'un coin au coin opposé est de dix-sept pouces ; d'ailleurs les cases ne doivent pas approcher les surtouts plus près de quatre à cinq pouces, de crainte que les abeilles n'y prennent des points d'appui pour leurs alvéoles : ainsi, aux dix-sept pouces ajoutant de chaque côté quatre à cinq pouces, les surtouts doivent donc avoir de vingt-cinq à vingt-sept pouces de diamètre, au lieu de dix-huit pouces indiqués par les auteurs ; ce qui est une différence considérable.

MM. Martin prétendent que les ruches à l'air libre sont peu coûteuses. Si cependant on en examine la construction, on voit que chaque case est composée de deux tablettes d'un pied carré, formées avec de la planche de six lignes d'épaisseur, trouées au milieu, et assemblées au moyen de deux tasseaux chacune, et séparées l'une de l'autre par quatre montans. C'est donc pour chaque ruche composée de quatre cases, huit tablettes, seize montans, outre les clous et la main-d'œuvre. Que l'on joigne à cela le fil de fer pour lier ensemble les cases, l'enveloppe de toile pour couvrir ces mêmes cases; le surtout, qu'il faut faire extrêmement volumineux, en l'attachant à une espèce de cage ou squelette; le tablier de la ruche beaucoup plus grand, et qui, par conséquent, doit être beaucoup plus fort que ceux des ruches closes, et on sera certain que cette ruche, au lieu d'être économique, est très coûteuse comparativement aux autres ruches.

La ruche de MM. Martin, telle que je viens de la supposer, est cependant encore loin d'offrir une parfaite sécurité aux abeilles. La paille du très volumineux surtout n'étant liée à la cage ou squelette qu'au cerceau inférieur, elle laisse partout ailleurs un champ absolument libre au froid, aux souris ou à leurs autres ennemis, et les garantit même imparfaitement de la pluie. Ces messieurs proposent divers moyens pour parer à ces inconvéniens, par exemple, de mettre les ruches dans un endroit où la température ne s'élevera guère que de cinq ou six degrés au-dessus de zéro, et ne s'abaissera pas à plus d'un ou deux degrés de froid. Je demande à toute personne raisonnable, s'il n'y a pas une inconséquence frappante à mettre des ruches dites *à l'air libre*, dans un air renfermé; ce qui n'est pas au surplus possible pour la plupart des cultivateurs, faute d'endroits convenables. Ces messieurs proposent aussi d'envelopper chaque ruche d'une couverture de laine recouverte d'un surtout en coutil. Ce dernier moyen, infiniment coûteux, serait-il possible à de simples villageois ?

Je ne vois d'autre moyen un peu sûr pour les personnes qui, par curiosité ou toute autre raison, voudraient essayer la ruche à l'air libre, que de remplacer le surtout conseillé par ses auteurs, par une espèce de ruche très solide et très grande, c'est-à-dire d'un diamètre de 25 à 27 pouces, construite en planches, en paille, ou de toute autre matière, et de recouvrir cette ruche immense par un surtout proportionné.

La ruche à l'air libre n'est pas même favorable comme ruche d'observation, à cause de ses tablettes placées dessus, dessous, et en outre de 4 pouces en 4 pouces dans son intérieur; elle est bien inférieure sous ce rapport à la ruche en feuillets, ou en livre, de M. Huber, ou même à la ruche d'observation de M. Feburier, qui permettent de visiter le couvain lorsqu'on le désire. Ces tablettes très rapprochées, et qui n'ont pour la communication des abeilles qu'un trou de dix-huit lignes, forcent ces mouches à se tenir divisées en plusieurs pelotons, et ont les dessus plats, ce qui leur est très préjudiciable.

Les auteurs de la ruche à l'air libre conviennent eux-mêmes que les cases supérieures et inférieures restent ordinairement vides, et que les abeilles ne forment leurs magasins que dans les cases intermédiaires. Ceci a lieu très probablement par la crainte du pillage, qui est, en quelque sorte, beaucoup plus *libre* dans la ruche à l'air libre que dans les ruches closes; et en effet, dans ces ruches, lorsque les abeilles ont formé bonne garde sur la partie inférieure des rayons, elles sont dans la plus parfaite sécurité. Mais il en est différemment dans les ruches à l'air libre : les abeilles étrangères, les guêpes et les frelons, qui sont moins frileux que les abeilles, peuvent aborder le miel de tous les côtés; c'est ce qui nécessite les précautions extraordinaires contre le pillage, indiquées par les auteurs de cette ruche, page 70 de leur ouvrage.

On conçoit que les ruches à l'air libre, quoi qu'en puissent dire leurs auteurs, ne peuvent se transporter d'un lieu à un autre que très difficilement : enveloppées d'une simple toile, comme ils le conseillent, les secousses de la voiture ne pourraient manquer de déchirer bien des rayons.

Les auteurs de la ruche à l'air libre sont d'accord avec moi sur l'extrême facilité avec laquelle on peut réunir ensemble plusieurs ruches : seulement je suis d'avis de ne réunir que des ruches trop faibles pour passer seules l'hiver, tandis qu'ils conseillent même de réunir les médiocres; cette méthode me paraît indispensable à cause de la forme de leur ruche, qui est telle, que les seules ruches très fortes peuvent s'y conserver.

MM. Martin prétendent qu'il n'existe aucun moyen connu de préserver les ruches closes de l'invasion de la fausse teigne; ils sont dans l'erreur. Depuis plusieurs années, quoique ayant un rucher composé d'une centaine de ruches, je n'en ai eu qu'une, à peu près par année, d'attaquée de la fausse teigne ou pillée, parce qu'au moyen de mes hausses, je réunis ensemble les ruches dépeuplées, et ne leur laisse qu'une quantité d'édifices proportionnée à leur population.

Les inventeurs de la ruche à l'air libre ne tarissent pas sur les éloges qu'ils en font, comparativement aux ruches closes, et cependant ils conseillent d'abord de laisser la toile qui enveloppe les cases, jusqu'à ce que les abeilles aient rempli, ou à peu près, les quatre cases; ils ne croient donc pas eux-mêmes que cette enveloppe soit nuisible à leurs progrès rapides; ils vont plus loin, ils sont d'avis de n'ôter la toile aux essaims que l'on veut transporter l'hiver suivant, qu'après leur arrivée à leur destination.

Les abeilles paraissent si peu désirer d'être à l'air libre, qu'elles propolisent avec un soin extrême les moindres fentes qui se trouvent à leurs ruches, et, dans certains cas, rétrécissent elles-mêmes leurs entrées. Pour un essaim qui, abandonné à lui-même, va se loger dans une cheminée, un galetas, ou tout autre endroit en plein air, il y en a des centaines, peut-être des milliers, qui se placent dans des troncs d'arbres, de rochers, ou dans des ruches closes lorsqu'il s'en trouve à leur portée; et cependant combien de remises, de hangars, de ruchers couverts, et généralement d'emplacemens de cette nature, leur sont offerts pour s'y établir? Voilà, je crois, des motifs bien puissans de n'essayer la ruche à l'air libre qu'avec beaucoup de circonspection.

En résumé, la ruche à l'air libre me paraît dispendieuse, faciliter le pillage, l'invasion de la souris, les excursions furtives des guêpes, des frelons et même du papillon de la fausse teigne. Sa forme est absolument contraire à la conservation de la chaleur nécessaire aux ruches faibles ou médiocres, pour pouvoir passer l'hiver : elle est très difficile à charroyer, incommode pour recueillir les essaims, et court de très grands risques d'être renversée par les vents et les ouragans. La consommation du miel y est très considérable, puisque ses auteurs exigent que chaque peuplade soit composée de quatre cases pleines de miel, en en réunissant ensemble deux ou trois, si cela devient nécessaire.

§. 50. *Ruche et Système de M. Feburier.*

La ruche à la Bosc modifiée par M. Feburier, est faite en planches épaisses; elle est plus large du bas que du haut; son fond a un peu de pente; elle se divise en deux parties égales du haut en bas, de sorte que la porte est elle-même coupée en deux. Au lieu d'y placer une cloison intérieure, comme M. Gelieu, M. Feburier fixe, à la manière de M. Huber pour ses ruches en feuillets, un gâteau à chaque partie de sa ruche pour diriger les travaux des abeilles et les empêcher d'en construire qui pourraient tenir aux deux demi-ruches, et qu'on ne pourrait séparer sans déranger les édifices; si elles s'écartent un peu du plan qu'il leur a tracé, il redresse doucement, et au fur et à mesure du travail, leurs gâteaux; elle est, en outre, fermée des deux côtés par des planches mobiles, qui ne peuvent cependant s'enlever que dans le cas où les abeilles, n'ayant point fait de demi-rayons, auraient, par la régularité de leurs travaux, conservé le plus parfait parallélisme.

Lorsque l'on a bien réussi à diriger leurs rayons, ces ruches sont très faciles à inspecter par le centre et des deux côtés, et par conséquent à dépouiller; elles sont, sous ce rapport, excellentes pour les amateurs qui trouveraient la ruche de M. Huber trop coûteuse ou trop compliquée; mais on sent aisément que mes ruches à hausses ou villageoises, auxquelles il n'y a rien du tout à tracer ni à diriger, qui joignent les dessus convexes à la forme ronde, qui sont les meilleures pour la prospérité des abeilles, et qui sont au moins aussi faciles à dépouiller, seront toujours infiniment plus commodes pour les simples cultivateurs, et bien plus à portée du laborieux villageois qui a peu de loisir.

Cette ruche est très commode pour faire des essaims artificiels par séparation; il suffit de la diviser en deux, et d'ajouter à chaque partie une demi-ruche vide : mais je crois cette grande facilité bien funeste, car M. Feburier, étant occupé une moitié de la bonne saison à forcer ses ruches à essaimer, paraît être obligé d'employer l'autre partie à les nourrir avec du miel, des sirops, etc. Il semble leur donner beaucoup plus qu'il n'en retire, et c'est une suite inséparable de ses divisions.

Le même auteur conseille, pour forcer les abeilles à convertir le miel en cire, d'enlever successivement les rayons du centre; cette méthode est aussi pernicieuse que les essaims forcés, car ces rayons contiennent du couvain au moins en état d'œufs ou de vers et du pollen nouveau, qui sont perdus. Les abeilles sont détournées de leurs occupations ordinaires et favorites, qui sont la récolte du miel et l'éducation du couvain; et il ne peut, au surplus, jamais y avoir de bénéfice, puisque M. Huber a constaté qu'une livre de miel ne produit qu'environ une once de cire.

M. Feburier prétend qu'en administrant beaucoup de sirops aux abeilles, au commencement du printemps, on en obtient des essaims très primes : je le crois dans l'erreur; le pollen nouveau est la base principale de la nourriture des jeunes vers, puisque dans le temps de la grande ponte, s'il fait quelques jours de mauvais temps, quoique les abeilles aient une forte provision de vieux pollen et de miel, elles sont forcées de laisser mourir les jeunes larves qu'on leur voit traîner en grand nombre hors de leurs ruches, ce qui cesse d'avoir lieu à l'instant même où elles peuvent se procurer de nouveau du pollen. Si l'on joint à cette raison, qui me paraît décisive, que la chaleur de l'atmosphère est indispensable aux abeilles pour qu'elles puissent s'étendre dans leur ruche et y soigner de nombreux nourrissons, on sera moralement sûr que l'avancement de l'essaimage est, en général, au-dessus de la puissance humaine; il ne peut y avoir d'exception que dans des cas très rares, comme en transportant les ruches dans des cantons ou des positions très précoces, ou en faisant des semis ou des plantations favorables au développement des jeunes abeilles.

L'ouvrage de M. Feburier est, pour le surplus, excellent et très curieux; les amateurs d'abeilles y trouveront le résumé de tous les systèmes et la description des diverses espèces de ruches, avec leurs avantages et leurs inconvéniens. L'auteur l'a enrichi de notes extraites de Virgile, de Delille, du père Vanière et autres, sur les antiquités des abeilles, qui en rendent la lecture amusante et très instructive.

§. 51. *Traité sur le gouvernement des Abeilles, par F. Desormes.*

Cet ouvrage ne contient rien que l'on ne sache depuis plusieurs siècles; son auteur s'épuise en vaines dérisions sur les belles et intéressantes découvertes faites par nos plus célèbres naturalistes, étant beaucoup trop ignorant pour les combattre par des faits. Sa ruche est absolument celle de l'ancienne forme, dont il n'opère la dépouille qu'en chassant les abeilles et qu'en sacrifiant sans scrupule tout le couvain, ainsi que les édifices; elle est donc, surtout par la mauvaise manière dont il la gouverne, la plus défectueuse que je connaisse.

§. 52. *Quelques autres espèces de Ruches.*

La ruche de M. Gelieu est une grande boîte carrée en bois, sciée en deux parties égales de haut en bas, de telle sorte que la porte appartient aux deux parties; il y a une séparation intérieure, et il n'y a de communication entre les deux parties que par six à huit lignes de vide au bas de cette cloison.

Celle de M. Serain est composée de plusieurs boîtes d'un pied carré, de quatre à six pouces de hauteur, placées les unes derrière les autres, et percées d'un trou pour la communication de l'une à l'autre.

Les ruches de MM. Ravenel, Mahogani et autres, composées de trois ou quatre boîtes, se rapportent, avec de légères différences, à celles de MM. Gelieu et Serain. Toutes ces ruches sont assez commodes pour la dépouille, par la séparation de leurs diverses parties; on peut aussi, avec la plupart, faire des essaims artificiels, opération que je crois presque toujours plus nuisible qu'utile. Ces mêmes séparations empêchent de juger la quantité de miel que l'on doit laisser aux abeilles pour la mauvaise saison; elles les forcent à se diviser en plusieurs pelotons, ce qui peut les faire périr par le froid : si elles se réunissent dans une seule division, elles y sont quelquefois affamées, tout en laissant des provisions dans les autres. Leur forme carrée n'est pas propre à concentrer la chaleur, et les dessus plats de la plupart de ces ruches sont très préjudiciables aux abeilles. (§. 1er.)

Mes ruches, à hausses ou villageoises, sont à l'abri de tous ces inconvéniens.

Je finis ici l'examen et la comparaison des diverses espèces de ruches : toutes les autres que je connais se rapportent, sauf de légères modifications, à celles dont j'ai parlé ; et je m'engagerais dans de continuelles redites, si je voulais m'étendre davantage sur ce sujet.

---

§. 53. APPENDICE.

Histoire naturelle de l'Abeille.

L'ABEILLE à miel, ou l'abeille domestique, *Apis mellifica.*

Elle est brune, couverte de poils d'un gris jaunâtre, plus serrés sur le corselet que sur les autres parties du corps ; la femelle est beaucoup plus grande que le mâle ; son abdomen est plus allongé ; ses ailes sont plus courtes ; les yeux du mâle sont très grands, et occupent toute la partie supérieure de la tête. Les ouvrières sont plus petites que le mâle et la femelle.

Nous trouvons, dans l'*Encyclopédie*, qu'elle a été nommée *melissa* par les Grecs, *deborah* par les Hébreux, *albara nahalea zabar* par les Arabes, *wezela* par les Esclavons, *apis* par les Latins, *ape*, *api*, *sticha*, *moscatella* par les Italiens, *abeja* par les Espagnols, *einymme bynle* par les Allemands, *bee*, *bees*, *been* par les Anglais, *bie* par les Flamands, *bi* par les Suédois, *pszczola* par les Polonais, *honingbye* par les Hollandais, *camlij* par les Irlandais.

On élève cette abeille dans des ruches, et c'est elle qui nous fournit la cire et le miel.

Les abeilles qu'on nomme domestiques, vivent en société, qu'on a nommée *monarchie*; on ignore quels sont les lieux qu'elles habitent naturellement. On en trouve de sauvages dans différentes parties de l'Asie, en Italie, et dans les départemens méridionaux de la France; mais ce sont celles qui vivent sous nos yeux que nous allons examiner. Réaumur et M. Huber nous fourniront les faits intéressans qu'elles nous offrent : ce dernier auteur a enrichi l'histoire des abeilles d'un grand nombre d'observations, d'autant plus importantes, que, sans lui, on ignorerait encore comment l'abeille mère est fécondée. Jusqu'à lui on n'a parlé de la fécondation des reines que par conjectures. Réaumur est le seul qui a cru qu'il devait y avoir un accouplement; mais, malgré toute sa sagacité, il n'a pu s'en convaincre.

Une ruche est ordinairement habitée par une seule femelle, par des mâles au nombre de deux cents à huit cents, et par quinze à seize mille ouvrières, souvent davantage. Les femelles, qui ont été décorées par plusieurs naturalistes des noms de rois et de reines, ont l'abdomen beaucoup plus allongé que celui des mâles; mais ceux-ci l'ont plus gros. L'aiguillon des femelles est plus long que celui des ouvrières, et un peu recourbé sous le ventre; elles vivent renfermées dans l'intérieur de la ruche, et n'en sortent que dans deux circonstances : elles y sont occupées à pondre. Les ouvrières sont plus petites que les mâles et les femelles ; ce sont elles, comme nous l'avons dit, qui sont chargées du travail ; elles construisent les gâteaux dont les ruches sont remplies. Ces gâteaux sont composés de cellules de figure hexagone, appliquées les unes contre les autres ; chaque côté des gâteaux contient à peu près un nombre égal de cellules ou alvéoles, dont les unes servent à conserver le miel, les autres à contenir les œufs que la femelle y dépose, et dans lesquelles les larves doivent prendre leur accroissement et subir leurs métamorphoses. On trouve dans les ruches des cellules de grandeur différente ; celles qui doivent renfermer les mâles sont plus spacieuses que celles qui ne doivent contenir que des larves d'ouvrières. Les abeilles placent ordinairement leurs gâteaux parallèlement les uns aux autres, et laissent entre eux un chemin d'une largeur suffisante pour que deux abeilles puissent y marcher à la fois ; chaque gâteau ne tient souvent au haut de la ruche que par une espèce de pied qui a peu d'étendue. Lorsqu'elles construisent de grands gâteaux, les abeilles y ménagent des ouvertures, afin d'aller d'un gâteau à l'autre, sans être obligées de faire toute la longueur du chemin. Autrefois on croyait que la matière que ces ouvrières emploient dans la fabrication des gâteaux était la pousssière que nous leur voyons ramasser sur les étamines des fleurs; qu'elles parvenaient à transformer cette poussière, qui est ce que nous appelons le *pollen*, en véritable cire. Quelques auteurs pensaient qu'elles y mêlaient du miel. Swammerdam a cru qu'elles l'humectaient avec la liqueur vénéneuse qu'elles ont en provision dans la vessie. Aujourd'hui on sait par les expériences du célèbre M. Huber que la cire est produite par le miel qui a subi une élaboration dans l'estomac des abeilles.

Les abeilles ont des besoins qui exigent qu'elles fassent une autre récolte que celle de la cire brute; leur habitation ne doit avoir que des ouvertures qui tiennent lieu de portes, partout ailleurs elle doit être close. Elles doivent se garantir des insectes qui en veulent à leur cire, à leur miel et à elles-mêmes, et se mettre à l'abri des intempéries de l'air; aussi leur premier soin, dès qu'elles s'établissent dans une nouvelle ruche, est d'en boucher toutes les ouvertures. Elles ne font point usage de cire pour cette opération : la nature leur a enseigné à se servir d'une matière qui y est plus propre, qui s'étend et s'attache mieux; cette matière n'a pas été inconnue aux anciens, qui l'ont appelée *propolis*. Les abeilles tirent cette matière des jeunes bourgeons du peuplier, du saule et d'autres arbres, avant que les boutons soient épanouis ; elles ne se contentent pas de boucher les trous de la ruche avec la propolis, elles en enduisent les bâtons qui soutiennent les gâteaux, et souvent elles en étendent sur les parois intérieures.

Une récolte plus importante pour les abeilles que celle de la propolis, est la récolte du miel.

La liqueur mielleuse qu'elles enlèvent aux fleurs, avec leur trompe, est conduite par cet organe dans la bouche, où se trouve la langue, qui pousse dans l'œsophage le miel qui y a été apporté, et qui, à son tour, le fait passer dans l'estomac. Lorsqu'une abeille a rempli de miel son estomac, elle retourne à sa ruche, et dès qu'elle y est entrée, elle cherche une cellule pour l'y dégorger. Souvent une de ces abeilles est rencontrée, dans son chemin, par quelques unes des ouvrières qui n'ont pu aller à la récolte ; alors elle s'arrête, redresse et étend sa trompe ; et pousse du miel à l'ouverture de sa bouche ; les autres y portent le bout de leur trompe et le sucent ; souvent elle rend le même service à celles qui sont occupées dans l'intérieur de la ruche.

Parmi les cellules qui ont été remplies de

miel, les unes contiennent celui qui est destiné à la consommation journalière, les autres celui qui doit nourrir les abeilles dans un temps où elles iraient inutilement en chercher sur les fleurs. Ce dernier est renfermé dans des alvéoles, qui ont chacun un couvercle de cire, et les abeilles n'y touchent que dans le cas de nécessité; l'autre reste à découvert.

Les autres cellules de la ruche sont destinées à contenir les œufs; selon M. Huber, c'est quarante-six heures après l'accouplement que la femelle commence sa ponte. Avant l'intéressante découverte de cet auteur, on ne savait rien de positif sur l'accouplement des abeilles; les anciens ont cru que leurs œufs étaient fécondés de la même manière que le sont ceux des poissons. Butler et Swammerdam ont pensé qu'il suffisait à l'abeille de se trouver auprès des mâles pour être fécondée, que les vapeurs et les esprits qui s'exhalent du corps des mâles pouvaient vivifier les œufs qui sont dans le corps de la femelle. Mais Réaumur, quoiqu'il n'ait point eu de preuve de l'accouplement, n'a pu admettre ces différentes opinions; il n'a pu croire que les œufs d'un insecte qui a tant de rapport avec beaucoup d'autres dont les œufs sont fécondés par la jonction du mâle avec la femelle, le fussent d'une manière si différente. M. Huber a levé tous les doutes à cet égard, en acquérant la preuve d'un accouplement réel. Il nous apprend que c'est dans les airs que cet accouplement a lieu, et jamais dans les ruches, où une femelle peut rester environnée d'un millier de mâles, sans qu'il en résulte la moindre fécondation. C'est ordinairement cinq ou six jours après sa naissance, que la femelle sent le besoin impérieux de s'unir à un individu de son espèce; alors elle abandonne sa ruche, prend l'essor, et manque rarement de rencontrer un mâle. Si cette première sortie est infructueuse, elle sort une seconde fois, et ne rentre pas sans avoir été fécondée. Selon le même auteur, ce seul accouplement suffit pour vivifier tous les œufs qu'elle doit pondre pendant deux ans, peut-être même, ajoute-t-il, tous ceux qu'elle doit pondre pendant la durée de sa vie. Le mâle qui contribue à donner la vie à tant de milliers d'abeilles, après avoir fécondé une femelle, n'est plus propre à en féconder une seconde, et meurt peu de temps après l'accouplement; son union avec la première le prive des parties de la génération, qui restent fixées dans le corps de la femelle, qui s'en débarrasse le plus promptement qu'elle peut.

Les premiers œufs que la femelle pond sont ceux qui doivent donner des ouvrières, et elle continue pendant onze mois à pondre presque uniquement des œufs de cette sorte; ce n'est qu'au bout de ces onze mois qu'elle commence à faire une ponte considérable, et suivie d'œufs de faux-bourdons. C'est au printemps que la ponte des faux-bourdons a lieu : elle est d'environ deux mille. Il y a une seconde ponte moins considérable des mêmes œufs vers le milieu de l'été, et dans l'intervalle de ces deux pontes elle ne pond presque que des œufs d'ouvrières. La femelle dépose ses œufs dans les cellules destinées aux différens individus qui doivent en sortir, en introduisant l'extrémité de son ventre dans chaque cellule; l'œuf qui sort du corps de la femelle est enduit d'une espèce de glu, au moyen de laquelle il reste collé au fond de la cellule par un de ses bouts.

M. Huber est parvenu à faire pondre à plusieurs femelles des œufs d'une seule espèce, en retardant l'époque de leur accouplement; toutes celles auxquelles il n'a permis de s'accoupler que vingt jours après leur naissance n'ont jamais pondu que des œufs de faux-bourdons.

Dans l'état ordinaire, outre les œufs d'ouvrières et de faux-bourdons, la femelle en pond qui sont destinés à produire des femelles; ces œufs sont déposés dans des cellules d'une forme différente et beaucoup plus grandes; elles ne sont point hexagones comme les autres; leur forme est oblongue; elles sont plus grosses à une extrémité qu'à l'autre; leur surface est couverte de cavités : souvent elles sont placées sur le milieu d'un gâteau; le plus ordinairement elles pondent au bord inférieur d'un de ces gâteaux. Dans l'année, la femelle pond quinze ou vingt de ces œufs destinés à donner des reines, quelquefois trois ou quatre, ou point du tout : dans ce dernier cas, la ruche ne donne point d'essaim.

Tous les œufs sont de forme oblongue, un peu recourbés, plus gros par un bout, et plus minces par l'autre, qui est celui par lequel ils sont attachés dans la cellule. Les larves sortent des œufs au bout de trois jours; elles sont sans pates, de couleur blanche; leur corps est composé de treize anneaux, sur lesquels on voit les stigmates; la tête est brune, un peu plus dure que le reste du corps; la filière est placée à sa partie antérieure. Ces larves sont roulées en cercle, au fond de leur cellule, sur une couche assez épaisse d'une sorte de bouillie ou gelée blanchâtre. La nature a accordé aux abeilles une tendresse étonnante pour ces petites larves : elles leur prodiguent les soins les plus affectueux; elles sont sans cesse occupées à visiter les cellules, à y entrer; elles y restent un certain temps, pendant lequel il paraît qu'elles donnent à chacune la matière dont elle doit se nourrir, ou qu'elles renouvellent sa provision. Après qu'une de ces abeilles attentives est sortie, on en voit une ou plusieurs autres successivement, et en différens temps, avancer la tête à l'entrée de la cellule, comme pour reconnaître si la larve y est logée à l'aise et si elle a ce qu'il lui faut.

La nourriture que les abeilles donnent à ces larves est une espèce de bouillie d'un goût insipide, assez semblable à de la colle faite avec de la farine. Les larves de femelles et d'ouvrières ne restent que cinq jours sous cette forme ; celles des mâles y passent un jour de plus. Lorsque les larves ont pris leur accroissement, les abeilles ferment leurs cellules avec un couvercle de cire, et la larve commence à filer pour tapisser l'intérieur de sa cellule : elle fait une toile d'un tissu extrêmement fin et très serré, qu'elle applique à divers endroits des parois; elle emploie trente-six heures à cet ouvrage, et trois jours après elle se métamorphose en nymphe. Au bout de huit jours, l'abeille se débarrasse de son enveloppe de nymphe, perce avec ses mâchoires le couvercle qui ferme sa cellule, et lorsqu'elle y a fait un trou suffisant pour lui donner passage, elle en sort, et va se poser sur le gâteau, où elle reste immobile pour donner à ses ailes le temps de s'affermir et de se déplier, et aux autres parties de son corps, qui sont humides, celui de se sécher; mais les abeilles qui l'aperçoivent s'empressent autour d'elle, la lèchent et l'essuient de toutes parts avec leur trompe; quelques unes même la lui présentent pleine de miel qu'elles ont dégorgé. Dans le même temps, d'autres abeilles qui voient une cellule vide, se hâtent de la nettoyer, et de la mettre en état de recevoir un nouvel œuf ou de renfermer du miel.

A peine toutes les parties de la jeune abeille sont-elles sèches, à peine ses ailes sont-elles en état d'être agitées, qu'elle marche sur les gâteaux, et cherche à aller jouir du grand air; d'autres abeilles qui sortent lui apprennent où sont les portes : comme les autres, elle sort de l'habitation commune, et va, comme elles, chercher des fleurs; elle y va seule, et n'est point embarrassée de trouver la ruche quand elle y retourne pour la première fois. Quand les abeilles commencent à naître dans une ruche, il y a tel jour où il en sort plus de cent de leurs cellules; alors la ruche se peuple journellement, et en peu de temps le nombre de ses habitans devient si grand qu'elle peut à peine les contenir; c'est ce qui donne lieu aux essaims.

Nous avons vu les abeilles soigner avec une

attention admirable les larves qui doivent donner des ouvrières et des faux-bourdons; mais les larves d'où doivent sortir les reines sont bien autrement traitées. Les abeilles font tout pour elles avec prodigalité. Nous savons déjà que leurs cellules sont beaucoup plus grandes que les autres: la cire qui est employée à la construction de chacune suffirait pour en faire trente de forme ordinaire. La pâtée leur est donnée avec une telle profusion, que leurs cellules en sont encore remplies, lors même qu'elles n'en ont plus besoin: ce qui n'arrive jamais aux ouvrières ni aux mâles. Cette pâtée diffère aussi de celle que les abeilles donnent aux autres larves; elle est plus assaisonnée. La position de ces larves dans les cellules diffère de celle des ouvrières; celles-ci sont posées presque horizontalement, la tête un peu plus élevée que le derrière: les nymphes royales sont placées verticalement, la tête en bas.

Les femelles ne pondent dans les cellules royales qu'après la ponte des œufs de mâles, et lorsqu'elles jugent la ruche assez peuplée pour fournir un essaim. Nous trouvons dans Huber, que c'est toujours la vieille mère qui conduit l'essaim; elle abandonne sa ruche peu de jours avant la naissance d'une des femelles. Les ouvrières, qui savent qu'elles ne seront pas long-temps sans avoir parmi elles une autre femelle, ne cessent point leurs travaux : il n'en est pas de même lorsque, par un événement quelconque, il ne se trouve plus de mère dans la ruche.

Plusieurs signes certains annoncent la sortie prochaine d'un essaim; les faux-bourdons qu'on voit paraître dans la ruche, apprennent qu'elle devient en état de jeter : mais un signe infaillible, c'est lorsque le nombre des abeilles est si grand que la ruche ne peut plus les contenir, et qu'une partie se tient en dehors le long de ses parois. Ce qui annonce l'événement pour le jour même, c'est lorsqu'on entend dans l'intérieur de la ruche un bruit extraordinaire, tout semble y être en mouvement; enfin, lorsque le soleil a échauffé l'air, et que les abeilles ne peuvent plus supporter la chaleur qu'elles éprouvent dans leur habitation, elles se déterminent à l'abandonner. C'est ordinairement depuis onze heures du matin jusque vers quatre heures du soir que les essaims sortent. Si la reine est à la tête des premières abeilles qui sortent, ou si elle les suit de près, dans l'instant même d'autres abeilles marchent après elle, et s'élèvent en l'air : en moins d'une minute, toutes celles qui doivent composer l'essaim abandonnent la ruche, et se dispersent; toutes ne semblent voltiger que pour examiner en quel endroit elles iront se rassembler. Il ne paraît pas que ce soit la reine qui fasse le choix du lieu ; plusieurs abeilles vont se poser sur une branche, et y sont aussitôt suivies de beaucoup d'autres. La mère se pose sur une branche voisine de celle sur laquelle les abeilles sont assemblées, et ce n'est que quand la couche qu'elles forment autour de cette branche s'est épaissie, que la mère va se joindre à elles : dès qu'elle s'y est réunie, le peloton déjà formé grossit d'instant en instant ; les abeilles qui sont encore répandues dans l'air se pressent de se rendre où sont les autres. Toutes ensemble forment bientôt un massif composé d'abeilles cramponnées les unes aux autres par les pates, et plus ou moins gros, suivant la quantité de celles qui sont sorties de la ruche. Quoiqu'elles soient à découvert, elles s'y tiennent tranquilles : souvent en moins d'un quart d'heure tout devient calme, et on ne voit guère plus d'abeilles autour d'un essaim rassemblé qu'on n'en voit autour d'une ruche dans un temps chaud et favorable au travail.

C'est ordinairement dans un jardin qu'on place les abeilles, afin qu'elles y trouvent quelques fleurs à leur portée, et qu'elles ne soient pas toujours obligées d'en aller chercher au loin. On court moins de risque de perdre les essaims, lorsque les jardins sont plantés d'arbres peu élevés, que lorsqu'il ne s'y trouve que des arbres très hauts : dans ce cas, il y a toujours à craindre que les abeilles, en sortant, ne s'élèvent beaucoup, et ne s'éloignent des limites de la ruche, ce qui leur arrive quelquefois ; alors on fait des efforts inutiles pour retrouver l'essaim. Un moyen généralement connu, et qui réussit assez souvent, pour faire descendre celles qui se tiennent trop élevées en l'air, c'est de jeter sur elles à pleines mains du sable ou de la terre. Les grains dont elles sont frappées, les déterminent à s'abaisser, et l'abri le plus proche leur paraît le meilleur. Pour faire passer un essaim dans une ruche, surtout s'il est posé sur un arbre peu élevé, on apporte une ruche auprès, on l'y soutient renversée, et on fait tomber les abeilles dedans, avec de petites branches ou avec sa main, sans craindre leurs piqûres, parce que dans cette circonstance les abeilles ne font point usage de leur aiguillon. Il suffit que la plus grande partie de l'essaim entre dans la ruche, pour être suivie du reste ; alors on renverse la ruche, à laquelle on a soin de ménager des ouvertures, pour que les abeilles qui sont dehors aient la facilité d'y rentrer. Si quelques unes s'obstinent à rester sur la branche, pour les en éloigner et les forcer de se joindre aux autres, on frotte cette branche avec des feuilles de rue et de sureau, dont l'odeur déplaît aux abeilles. Le moyen de rendre aux abeilles leur nouvelle habitation agréable, est d'en frotter les parois avec des herbes et des fleurs dont elles aiment l'odeur, comme des feuilles de mélisse, des fleurs de fèves, ou d'enduire légèrement de miel quelques endroits des parois ; et après que le soleil est couché, on transporte doucement la ruche sur le support qu'on lui a destiné.

Mais voyons maintenant ce qui se passe dans la ruche d'où l'essaim est sorti. La vieille femelle qui l'a abandonnée, y a laissé, en partant, une prodigieuse quantité de couvain d'ouvrières, qui ne tardent pas à se transformer en abeilles ; de sorte qu'en peu de jours la ruche se trouve aussi peuplée qu'avant son départ, et en état de former un second essaim, sans qu'elle en soit affaiblie. Selon M. Huber, les ouvrières ne construisent de cellules royales qu'à l'époque où la femelle pond ses œufs de mâles. Cette ponte, qui dure trente jours, est suivie de celle des œufs qui doivent donner les femelles. La mère les pond à un jour de distance les uns des autres, afin que les femelles qui doivent en sortir puissent conduire les essaims, et pour qu'il ne se trouve pas en même temps plusieurs reines dans la ruche ; car ces reines ont une telle aversion les unes pour les autres, que quand par hasard il s'y en trouve deux, l'une des deux est toujours la victime de l'autre.

Suivant le même auteur, dès que l'ancienne mère a emmené son premier essaim, les abeilles qui restent dans la ruche soignent particulièrement les cellules royales, autour desquelles elles font une garde sévère, et ne permettent pas aux jeunes femelles d'en sortir que successivement et à quelques jours de distance; elles les retiennent prisonnières dans leurs cellules, où elles leur donnent à manger, pour laisser à celle qui est sortie la première la facilité d'emmener l'essaim. Les abeilles ne se conduisent ainsi que lorsque la ruche est en état de fournir des essaims. Mais quand, par hasard, elles perdent leur mère, ce dont elles s'aperçoivent très promptement, elles agissent différemment à la naissance des reines, comme nous le verrons par la suite. Dès qu'elles ont perdu leur reine, elles se préparent aussitôt à réparer cette perte. Elles choisissent des larves d'ouvrières qu'elles destinent à devenir des femelles, agrandissent leurs cellules, et leur donnent de la bouillie royale. C'est cette nourriture, qui est plus assaisonnée que la bouillie ordinaire, qui développe, dans les ouvrières, les facultés génératives. Il est hors de doute, dit M. Huber, que toutes les abeilles communes sont originairement du sexe féminin ; la nature, selon cet auteur, leur a donné les germes d'un ovaire ; mais elle n'a permis qu'il se développât que dans le cas particulier où ces abeilles recevraient, sous la forme de larves, une nourriture particulière, et qu'elles seraient logées dans un alvéole plus grand. Ce qui rend aussi quelques ouvrières fécondes, c'est, selon le même auteur, parce que leurs larves se sont trouvées placées près des cellules des larves royales, et qu'elles ont reçu une légère portion de la nourriture de ces larves. On doit la découverte de la conversion des ouvrières en reines à M. Schirach, qui a remarqué que le changement de nourriture les rendait propres à perpétuer leur espèce, et M. de Riems a découvert qu'il existait des ouvrières fécondes ; mais M. Huber a observé que ces ouvrières, qui n'ont reçu qu'une petite portion de bouillie royale, ne pondent que des œufs de mâles, et en petite quantité. Toutes les expériences de cet auteur l'ont convaincu qu'il ne naît des ouvrières capables de pondre, que dans les ruches qui ont perdu leur reine ; que, dans ce cas, les abeilles préparent une grande quantité de bouillie royale, pour en nourrir les larves qu'elles destinent à la remplacer, et que, lorsque les abeilles donnent à ces larves l'éducation royale, elles laissent tomber, ou par accident, ou par une sorte d'instinct, de petites portions de gelée royale dans les alvéoles voisins des cellules, où sont les larves qui sont destinées à l'état de reines ; que les larves d'ouvrières, qui ont reçu accidentellement ces petits dons d'un aliment aussi actif, doivent en ressentir plus ou moins d'influence, et leurs ovaires doivent acquérir une sorte de développement, qui les rend propres à pondre quelques œufs.

Dans le cas où les abeilles ont nourri des larves d'ouvrières pour remplacer la reine qu'elles ont perdue, lorsque les larves sont métamorphosées en nymphes, elles ne les surveillent pas avec autant d'exactitude que lorsque la ruche doit fournir des essaims, parce qu'alors elles n'ont besoin que d'une femelle. Aussi arrive-t-il que la première qui sort de sa cellule se jette impitoyablement sur celles qui renferment des nymphes d'où doivent sortir d'autres reines, et les percé avec son aiguillon, sans que les abeilles s'y opposent, ce qui n'a pas lieu dans le temps des essaims; car dès que la première femelle paraît, comme son instinct la porte à détruire celles qui doivent naître après elle, lorsqu'elle veut approcher des cellules, les ouvrières qui y sont rassemblées la forcent à s'éloigner par leur mauvais traitement, ce qu'elles ne se permettent vis-à-vis de leur reine que dans cette circonstance. Cette jeune femelle, qui ne respire que la destruction de ses rivales, est alors dans une agitation extrême; elle parcourt la ruche sans s'arrêter, communique son trouble à un grand nombre d'ouvrières, qui, dans cet instant, se précipitent vers la porte de la ruche, en sortent, et la femelle, qui se trouve parmi elles, va former une colonie.

Lorsque deux femelles sortent en même temps de leurs cellules, elles se livrent un combat à mort, sans que les abeilles qui en sont spectatrices s'en mêlent, et elles adoptent celle qui a été la plus heureuse. Elles adoptent également une reine étrangère, si on leur en donne une vingt-quatre heures après qu'elles ont perdu la leur; mais si on la leur donne avant ce temps, elle est mal accueillie, et quelquefois étouffée par les abeilles qui la serrent et la gardent comme prisonnière. Mais dès qu'elles l'ont reconnue, elles détruisent aussitôt les cellules qu'elles avaient agrandies pour élever des larves d'ouvrières à l'état de femelle, et continuent leur travail comme si la nouvelle mère était née parmi elles.

Nous avons vu les abeilles avoir un soin particulier de toutes les larves sans distinction, et soigner également les larves de mâles et d'ouvrières; mais il vient un moment où leur tendresse se convertit en rage. C'est ordinairement dans les deux derniers mois de l'été, que ces nourrices si attentives font un horrible carnage des mâles; pendant trois à quatre jours elles en font une tuerie effroyable; elles se mettent quelquefois trois ou quatre sur un malheureux mâle, et après l'avoir tiraillé en tous sens, elles finissent par le percer à coups redoublés avec leur aiguillon. Tant que ces jours de massacre durent, on voit du matin au soir des abeilles acharnées sur des mâles, qu'elles traînent morts ou mourans hors de la ruche. Ceux même qui ne sont pas encore parvenus à l'état de nymphe, ne sont pas épargnés. Les abeilles arrachent ces larves de ces mêmes cellules qu'elles avaient construites pour elles en d'autres temps, et dans lesquelles elles avaient pris de si tendres soins de les nourrir. Leur haine s'étend alors sur tout ce qui est mâle ou peut le devenir; elles font tout ce qu'elles peuvent pour qu'il n'en reste ni ne puisse y en avoir de long-temps dans la ruche. Mais, suivant M. Huber, les mâles sont épargnés dans les ruches privées de reine, ainsi que dans celles qui n'ont que de cette sorte d'abeilles, qui ne pondent que des œufs de faux-bourdons. Ainsi, le massacre n'a lieu que dans les essaims dont les reines sont complétement fécondes, et ce n'est qu'après la saison des essaims qu'il commence.

Il périt beaucoup d'abeilles tous les ans; les

unes naturellement, les autres de mort violente : ces insectes ont beaucoup d'ennemis, dont les uns se glissent dans les ruches, les autres les attrapent au vol. Les mulots s'introduisent quelquefois pendant l'hiver dans une ruche, et pendant une nuit détruisent une grande quantité d'abeilles, dont ils ne mangent que la tête et le corselet. Les oiseaux, et surtout les moineaux, les avalent toutes vivantes; quelques espèces de guêpes, quelques araignées, plusieurs espèces de teignes, principalement la céréale : cette teigne fait beaucoup de tort aux ruches en détruisant les gâteaux. On voit aussi une espèce de mitte sur le corps des vieilles abeilles; mais de tous leurs ennemis, il paraît que celui-ci est un de ceux qui leur font le moins de mal.

Nous ne nous étendrons pas sur l'utilité dont les abeilles domestiques sont à l'homme; personne n'ignore que ce sont elles qui le fournissent de cire et de miel, et que c'est en leur enlevant leur superflu, qu'il se procure ces deux substances. La saison où on les leur ôte n'est pas la même dans tous les pays; dans les uns, c'est à la fin de l'hiver ou au commencement du printemps; dans d'autres c'est en été : aux environs de Paris c'est vers le milieu de cette saison.

§. 54. *Extrait de la Ruche des Bois.* (1)

Dans une brochure intitulée *Ruche des Bois, ou Moyens d'augmenter les Abeilles et de mettre tout le monde dans la possibilité de tenir des Ruches*, par M. H. Fremiet, ancien officier, de Dijon, on trouve un grand nombre d'aperçus nouveaux sur tout ce qui concerne ce genre d'industrie, qui résultent autant des anciens procédés qu'avait suivis l'auteur pour en tirer le meilleur parti possible, que des expériences qu'il a faites lui-même ; car il dit : « J'avais acheté des « ruches, croyant joindre la pratique à la théo- « rie, et je comptais en faire une très exacte « avec les notes et les renseignemens que je m'é- « tais procurés et que j'avais conservés par écrit; « mais quelle fut ma surprise en ne trouvant « dans ce que je regardais comme des documens « que des contradictions, et presque rien d'exac- « tement vrai sur la culture des mouches à miel. « Trompé dans mes espérances et fâché d'avoir « pris tant de peines inutiles, j'ai abandonné « toute espèce de théorie pour me laisser con- « duire par les abeilles elles-mêmes. Dans cet « état je suivais la routine du pays, et cherchais « à connaître leurs usages et leurs besoins. Ce- « pendant, ne pouvant augmenter le nombre de

(1) Cet article est de M. Morin.

« mes ruches qu'avec de l'argent, je ne tardai « pas à m'apercevoir qu'il y avait des vices rui- « neux dans ma routine, et que la *taille* et la « *faim* étaient les principaux; alors je me déci- « dai à placer mes ruches dans les bois; et c'est « auprès d'elles que j'ai pris des notes et fait des « observations. » Nous en extrairons les plus marquantes, principalement toutes celles qui nous paraîtront devoir ajouter quelque améliora- tion sensible dans ce genre de produit industriel.

Ainsi, en parlant des essaims (*Voyez* p. 27 et suiv.) et de la manière de les recueillir lors- qu'ils sont nombreux, lorsqu'ils partent en même temps, et qu'ils pèsent plus de huit livres, pour en tirer le meilleur parti possible, l'auteur con- seille de chercher les reines dans la multitude, de les placer séparément dans des cornets de papier, pour en loger une dans chaque ruche préparée, que l'on doit, après cela, garnir d'a- beilles, suivant les proportions qu'il indique; ensuite, comme tous les essaims s'attachent tou- jours à quelque chose de crochu, plus ou moins croisé, rameux et concave, on y trouve toujours la reine, près de la place la mieux disposée à recevoir la première cellule; si on l'enlève, les abeilles ne tardent pas à s'agiter, monter et des- cendre et rechercher une autre reine féconde près de laquelle elles se groupent. Dans le cas où l'on ne voudrait pas faire plus de deux ruches avec l'essaim, on sépare la portion la plus considérable du groupe dans une ruche, et ce qui reste dans l'autre, où l'on aura attaché une reine, on la pose près de l'endroit où s'était d'abord fixé l'essaim, pour que le reste puisse entrer. Dans le cas où l'on en voudrait faire plus de deux, on trouverait la seconde reine dans le plus épais du groupe, précisément dans l'endroit où se réunissent les abeilles en venant du haut en bas; celle-ci enlevée, elles se reformeraient autour d'une troisième, et ainsi de suite. Ainsi, en partageant d'une manière aussi égale que possible les abeilles, il faut placer la ruche où il n'y aura point de reine, à peu de distance des autres, pour qu'elles puissent se répartir également dans le cas où elles ne la trouveraient pas dans la ruche où elles sont retirées, et à peu de distance des autres.

D'après l'expérience, un essaim ne peut être considéré que comme une disposition naturelle et un véritable besoin des abeilles pour se reproduire, quel que puisse être le temps, l'emplacement, l'âge et la constitution des abeilles qui composent la ruche d'où il sort. La reine qui le conduit naît avec les ovaires dans un état de vacuité complet, et par suite de la fécondation, en cinq ou six jours au plus, ils se remplissent.

de deux ou trois cents œufs; elles sont alors aptes à gouverner une ruche ou conduire un essaim. On en a même vu qui en fournissaient de nouvelles le vingt-sixième jour de leur établissement ; et puisqu'il faut vingt jours au moins pour qu'un œuf devienne *mouche*, il est à présumer qu'elles avaient cinq jours d'existence, en supposant que l'œuf ait été le premier jour dans le nouvel établissement. Aussi, dans les circonstances diverses qui provoquent la sortie des essaims, il faut considérer la population de la ruche, la température, l'abondance, la présence de plusieurs reines, dont une au moins est en état de le conduire et de l'augmenter, des butineuses, des gardes, des bourdons; tout se trouve disposé dans le même moment.. A un instant de calme le plus parfait, succède un bourdonnement extrêmement clair; les abeilles se précipitent sur les alvéoles, les ouvrières sur la cire élaborée, les butineuses sur la cire brute; tout est au pillage pendant dix ou vingt minutes; elles quittent en même temps la ruche après le signal des gardes qui se trouvent au-dehors, elles s'agitent, prennent leur volée, elles s'attachent en groupe, et lorsque la reine est au milieu, tout le reste ne tarde pas à la suivre; si elle est chargée d'œufs et que les gardes soient jeunes, comme elles ne peuvent pas voler long-temps, elles restent près de la terre. On les enferme dans la boîte pratiquée pour cela, on prend une ruche bien nettoyée d'avance, au milieu de laquelle on place une poignée d'herbes aromatiques enduites de miel, on en frotte le pourtour, et on la couvre pour attendre.

Souvent des ruches faibles peuvent fournir des essaims très forts, souvent aussi des ruches très fortes n'en fournissent que de faibles, on ignore le pourquoi; cependant on peut présumer, avec juste raison, qu'il n'y a que les abeilles approvisionnées qui partent, tandis que celles qui ne le sont pas demeurent.... « Car, dit l'auteur.... le 12 juin, je ramassai un essaim et l'enfermai de suite; le septième jour, c'est-à-dire le 19, je visitai la ruche et dépeçai l'ouvrage, je trouvai deux mille trois cent soixante et onze alvéoles finies ou commencées; trois cent quinze vers de différens âges, cent deux œufs et trente-six vers bouchés. Deux cent soixante-cinq alvéoles étaient remplies de miel clair, quatre-vingts de miel commun, et huit seulement d'une matière épaisse et cireuse. »

Un essaim peut devenir difficile, 1°. quand il s'agglomère en plusieurs paquets; 2°. quand il change de place, ou à l'instant que toutes les mouches sont arrêtées; 3°. quand une portion est réunie en grappe et que l'autre voltige sans paraître vouloir s'y attacher; 4°. quand il reste plus de cinq à dix minutes en l'air sans s'arrêter, lorsque les abeilles sont élevées et que leur vol paraît horizontal, dans ce cas, il peut devenir vagabond; 5°. enfin, quand il s'éloigne à une trop grande distance du rucher.

Dans le premier cas, on se sert de boîte à essaims pour les enfermer et les réunir en les plaçant les uns sur les autres; si la reine se trouve réunie avec le reste, toutes chercheront à y entrer; mais si elles restent dans la même position, il faut les agglomérer une troisième fois et les mettre toutes sous une ruche.

Dans le deuxième cas comme dans le troisième, c'est que la reine n'y est pas; alors les ouvrières et les gardes décrivent des cercles plus ou moins grands autour de l'essaim en mouvement. Dans ce cas, il faut trouver la reine en vie, la rendre à l'essaim, ou en choisir un autre du jour ou de la veille, pour le fixer avec des piquets sur les abeilles arrêtées; il ne faut qu'un instant pour qu'elles y entrent en totalité.

Dans le quatrième et le cinquième cas, on se rend maître des essaims en battant les abeilles les plus éloignées avec du sable très fin, avec de la poussière et même avec de l'eau; jamais il ne faut attaquer l'endroit le plus épais, c'est celui où se trouve le chef; il suffit de tourmenter les gardes pour les obliger à s'arrêter, alors la reine et le reste de la colonie se précipitent autour; en un instant tout est réuni, on profite du moment pour tirer l'essaim dans la boîte, que l'on ferme et que l'on dépose près de l'endroit sur lequel il était; c'est à l'aide de toutes ces précautions que l'auteur ayant commencé avec une seule ruche, en 1816, possède dans ce moment les ruchers les plus nombreux qui soient en France, quoiqu'il ait perdu ou sacrifié deux cent neuf ruches depuis qu'il s'en occupe.

EXEMPLE D'UN ESSAIM VAGABOND.

En 1822, le 24 juin, j'aperçus, dit l'auteur, un essaim qui me parut très fatigué; son vol était lent, la troupe faisait queue, le bourdonnement était presque nul; je l'arrêtai avec quelques poignées de terre, il se fixa sur un buisson près du chemin; ne voulant pas me l'approprier, je le surveillai; il s'était arrêté à onze heures, il repartit à une heure moins quelques minutes; j'étais en mesure pour l'arrêter de nouveau, ce que je fis, cinq fois dans l'espace de trois quarts de lieue : la cinquième fois, il s'était logé dans une cavité pratiquée dans la racine d'un chêne, je fis un trou au-dessous et l'en chassai avec la fumée; je le reçus dans une boîte à essaim pour le porter au rucher le plus voisin. En passant, je visitai les poses que j'avais eu soin de marquer, je trouvai à toutes des boules d'abeilles plus ou moins grosses, la reine était dans la quatrième ; je les mis dans la boîte avec précaution, et fis passer l'essaim dans une ruche où il demeura deux jours et en partit le troisième à six heures du matin. Je le fis suivre et arrêter à la sortie du bois, je lui rendis sa ruche où il resta un jour et s'échappa sans être aperçu. Il avait construit trois rayons. A leur inspection, il me fut aisé de me convaincre qu'il ne pouvait pas rester ; toutes les alvéoles étaient vides et sèches, ce qui prouvait évidemment que les butineuses affamées ne rapportaient que de la cire brute, et que la reine, les ouvrières, et enfin toute la ruche, avaient fui un asile où elles étaient trop pressées par la disette... Cependant, quoi qu'il arrive, lorsqu'il s'agit d'essaims vagabonds, il faut faire en sorte de les recueillir dans une boîte en les mêlant après les avoir enfermés, et leur donnant à manger si on les y laisse pendant plus de vingt-quatre heures.

EXEMPLES D'ESSAIMS DIFFICILES.

Dans les grandes chaleurs de juin 1822, j'eus, le 14 juin, un essaim qui ne voulut rester dans aucune ruche, quelque propre et nettoyée qu'elle fût, même après avoir pris la précaution de l'emmieller; il y restait une demi-heure, quelquefois davantage, et le plus souvent beaucoup moins, mais dans un état d'agitation remarquable et continu; les abeilles sortaient, rentraient, se formaient en petits paquets autour de la ruche, et finissaient par s'attacher à des branches. Las de voir ce manége, qui durait depuis deux jours, je le mêlai avec un essaim qui venait de sortir; tous deux demeurèrent fort tranquilles dans une ruche qui existe encore et qui ne fournit pas moins de trente à trente-six livres de miel par an.

Autre. — En 1824, le 21 juin, un essaim qui était dans sa ruche depuis une heure en sort tout à coup un instant après, au bout d'un quart d'heure même mouvement, mais au lieu de s'épancher, les abeilles se mettent en petits paquets hors de la ruche; il était tout naturel de chercher à pénétrer la cause de cette agitation; j'examinai avec attention l'intérieur de la ruche ainsi que les abeilles; n'ayant rien remarqué d'extraordinaire, je continuais mes recherches depuis plus d'une heure, lorsque j'aperçus la reine seule sur une feuille de chêne, à près de cinq pieds de hauteur; je la mis doucement dans la ruche, l'essaim y rentra et y est encore.

Enfin, en 1825, la plus mauvaise année que

les abeilles aient eu depuis 1816, les ruches ordinaires n'ont point donné d'essaims; les miens m'en fournirent quelques uns, mais presque tous incomplets et difficiles, ce qui me mit dans la nécessité de les doubler, tripler, et même de les quadrupler vers la fin, en sorte que de leur totalité je ne fis que dix-neuf ruches; onze seulement ont passé l'hiver et ont donné des essaims l'année suivante. Le 15 mai, deux ruches essaimèrent à midi précis; la floraison étant peu avancée, je les rendis à leurs ruches au moyen de ma boîte. Ils ressortirent tous deux le 2 juin; un me parut difficile; je recueillis le plus doux dans une ruche, l'autre s'arrêta sur une branche d'érable très mince, elle cassa avant que la moitié des abeilles y fût attachée; la boule se forma alors à terre, je posai ma boîte dessus en prenant les précautions d'usage; mais au lieu d'y monter, les abeilles se formèrent en petits paquets autour et dessus, une partie entrait et sortait, s'attachait à des branches et faisait assez connaître son mécontentement par des bourdonnemens. Résolu de la mêler, j'allai chercher le premier lorsque j'entendis dans le trou d'une souche, à quelque distance, un bourdonnement qui me fit regarder dans le fond; là, j'y aperçus la reine de l'essaim et une quinzaine d'abeilles qui formaient plotte, cinq à six autres voltigeaient à l'entour ; après l'avoir porté dans la boîte, l'essaim y entra immédiatement, et en sortit une demi-heure après. Je courus à la souche : la reine y était encore avec un plus grand nombre d'abeilles ; je la portai de nouveau, elle revint encore ; je bouchai l'ouverture, elle se plaça à côté ; enfin, je la rendis cinq fois à l'essaim, cinq fois elle le quitta pour retourner à la souche : désespérant de la fixer, je l'attachai au fond de la boîte, l'essaim y rentra, je l'enfermai.... Ce n'était donc pas le besoin d'avoir une reine qui tourmentait les abeilles de l'essaim, mais la nécessité de voir celle qui avait les qualités exigées pour être chef ; car, après avoir opéré le transvasement de l'essaim dans une ruche, je trouvai dans la boîte deux reines qui venaient d'être massacrées, elles remuaient encore ; j'y trouvai aussi le morceau de fil qui m'avait servi à attacher la reine. Lorsqu'on en a besoin, il ne faut pas craindre de fixer, par une ligature, les reines vagabondes : les abeilles ont bientôt fait de les débarrasser et de les rendre libres.

Le même auteur désigne sous le nom d'*essaims manqués* ou *défaillans* toutes les grappes de mouches qui sortent des ruches sans chef et sans ordre avant d'essaimer ; elles se placent sous le siége et au pourtour, et même à l'entrée ; si elles ne rentrent pas dans la nuit et qu'elles demeurent groupées les unes avec les autres, pendant cinq à six jours au plus, c'est un véritable essaim auquel il manque un chef et autres variétés de mouches. Ces abeilles, logées séparément, ne peuvent jamais former un essaim complet, même en leur donnant une reine fécondée, quoiqu'elles soient approvisionnées; mais s'il n'est pas possible d'en faire un essaim, on peut néanmoins en tirer parti, en s'y prenant d'une autre manière; elles peuvent rester jusqu'à dix jours sans souffrir de la faim; cependant elles sont tellement affaiblies, qu'elles peuvent à peine voler : alors il est possible de les rendre à leur ruche ou de les donner à d'autres. En effet, les essaims qui sortent le matin étant plus peuplés de butineuses que d'autres mouches, et comme les essaims défaillans contiennent plus d'ouvrières et de cirières que des autres, en y mêlant une grappe de celles-ci, on en fait une ruche excellente. Cependant il faut prendre garde de confondre les essaims manqués avec les abeilles qui sortent pour donner de l'air à la ruche, car celles-ci rentrent toutes ou en grande partie pendant la nuit; elles changent souvent de place, et ne forment pas cette espèce de filet que l'on remarque dans tous les essaims; et quoique les défaillans aient tous les signes d'essaims réels, puisqu'ils se tiennent par les pates, et qu'ils ne changent point de place, qu'ils tombent même par paquets plus ou moins gros; pour ne pas se tromper, il sera bon de n'enlever les grappes qu'après le neuvième et même après le dixième jour.

Mais, comme vingt-cinq ou trente jours après sa sortie un bel essaim de mai peut en fournir d'autres, il faut tâcher de s'y opposer. On y parvient en tournant, pendant quelques jours, le devant de la ruche par-derrière : cependant il ne faut le faire qu'après le vingt-cinquième jour. On peut encore le rendre à sa ruche au moyen de la boîte; mais la première manière est la meilleure, en ce qu'elle prévient la diminution des approvisionnemens : le temps de leur sortie dure à peu près six semaines; en juillet, ils réussissent rarement; pour les prévoir, voici un signe plus certain que les autres. Dans l'après-midi, lorsque les abeilles jouent en cercle perpendiculaire devant la ruche, ce qui ressemble assez à un soleil d'artifice, on peut espérer un essaim pour le lendemain ou le jour suivant; si l'on remarque ce tournoiement de six à huit heures du matin, l'essaim est plus sûr le même jour, une ou deux heures avant midi.

FORMATION DES RUCHES; MÉLANGE DES ESSAIMS.

Si dans la dernière quinzaine de mai et dans les dix premiers jours de juin on est assez heureux pour obtenir des essaims de quatre livres et au-dessus, on doit les laisser seuls; ils n'exigent d'autres soins que d'être placés dans une ruche commode, solide, et surtout dans un bon pâturage. Ainsi, tout essaim qui serait présumé ne pas peser quatre livres, sera mélangé avec une partie ou avec le tout d'un autre (*voyez* p. 30); et, pour règle générale, laissant seuls jusqu'au 10 juin tous les essaims de quatre livres et au-dessus, il ne faut point former de ruches dans ce temps au-dessous de cinq et six livres. Pendant les vingt derniers jours de juin, ne doublez pas les essaims de six livres, ne faites les ruches que de sept livres au plus. Dans le mois de juillet, au contraire, aucun essaim ne doit rester seul; composez les ruches de huit à neuf livres, en les portant dans un pâturage tardif et frais. Toute ruche composée doit excéder d'une ou deux livres le poids de l'essaim tout seul. Leur mélange s'opère le soir, en plaçant toujours par-dessous celui qui n'a pas travaillé, et qu'on a eu soin de conserver dans une boîte à essaim; la ruche que l'on veut augmenter se met dessus, en l'assujettissant avec quelques précautions, pour ne pas ébranler les premiers rayons, qui sont peu solides; ensuite on tire la coulisse et la baguette. On peut encore mélanger les essaims de la veille et du jour avec ceux du jour et du lendemain; quand on n'en a pas de plus jeune, on fait alors une mutation.

On voit combien il est facile de mêler les essaims en se servant d'une boîte et d'une ruche; mais pour augmenter les ruches en ne leur donnant qu'une certaine quantité de mouches, il faut un peu plus de précautions : il faut avoir pour cela près des ruches une seconde boîte dans les formes et les dimensions de la boîte à essaims et même un peu plus petite, avec un fond fixe et une coulisse percée d'un trou de 15 à 18 lignes de diamètre, pour y réunir les essaims mauvais ou tardifs, ceux qui manquent de reine, les troisième, quatrième sortis, ceux qui sont manqués, ceux qui arrivent du 1er au 8 juillet, les grappes de toutes les ruches, les pelotes et autres amas d'abeilles que l'on nourrira avec de la forte miellée mise au fond et au-dessus de la boîte, dans laquelle on a pratiqué quelques petites ouvertures après l'avoir pesée pour connaître ce qu'elle peut en contenir. Si la totalité est nécessaire pour la mêler avec un essaim âgé de moins de trois jours, vous procédez comme il a été dit plus haut; mais si, au contraire, c'est une vieille ruche à augmenter, ou bien un essaim de quatre jours au plus, il faut faire une mutation d'été. Pour ne prendre qu'une partie des abeilles, vous placez un tube en verre dans l'ouverture de la boîte, de manière à ce qu'il corresponde dans celle qui contient l'essaim. En pressant les mouches par le bas avec la fumée, vous fermez la coulisse, les mouches sortent par le tube, et vous les comptez; enfin, lorsqu'elles sont dans la boîte à essaim, on peut alors en disposer, soit pour un essaim de l'année, soit pour une mère ruche.

Jusqu'ici on a paru douter de la possibilité de loger deux essaims dans une même ruche, et qu'ils soient parvenus à y travailler ensemble. Voici une observation qui semblerait constater ce fait : par suite d'expérience, deux essaims furent mélangés en 1826; leur ruche fut dépecée le 31 décembre de la même année. Un grand rayon partageait à peu près l'habitation; il n'y avait point de communication de l'un à l'autre; de chaque côté, les autres rayons avaient une direction perpendiculaire à celui-ci; et, dans les deux du centre, il y avait des œufs et des vers, ce qui faisait présumer que les deux familles vivaient séparément. Quelques précautions que j'aie prises, je n'ai pu surprendre les reines dans leur habitation; j'en ai trouvé deux dans la ruche; mais parmi les abeilles qui s'agitent au premier mouvement que l'on fait faire à la ruche, ce sont les gardes et les butineuses... Ces deux femelles vivent aujourd'hui en communauté dans une ruche d'expérience.

FORME DE LA RUCHE DES BOIS.

(*Voyez* p. 56.) Les ruches dont je fais usage dans les bois sont de deux formes : la première est d'une seule pièce, faite en planches de sapin, fortement clouées et peintes à trois couches et à l'huile ; sa hauteur est de deux pieds (soixante-six centimètres) ; l'intérieur présente un carré long, dont l'un des côtés de l'angle a trente-trois centimètres, et l'autre vingt-quatre. La ruche est renforcée en haut et en bas par des liteaux ; je mets ceux du bas dans l'intérieur ; aux deux tiers de la ruche, à compter du bas, je cloue deux autres liteaux qui soutiennent un plancher sur lequel pose un magasin, que le propriétaire vide à volonté, avec les précautions dont nous parlerons plus bas. Le dessus de la ruche est fermé par une planche, fixée au corps avec des attaches en fer battu, qui sont arrêtées avec des clous à vis sur les deux côtés ; cette planche appuie sur le couvercle du magasin, qui est fait en petit lambris, et remplit, autant que possible, tout le vide, depuis le plancher au couvert de la ruche. Il faut avoir soin d'y attacher des anneaux solides pour le tirer. Il pèse assez ordinairement vingt livres. Si on y ajoute la force pour rompre les soudures que les abeilles font pour unir les planches du magasin, on aura un poids au moins de cent livres pour le sortir.

La ruche de seconde forme se compose de deux boîtes de même dimension, placées l'une sur l'autre; elles sont en planches de sapin, clouées et peintes comme celles de la première; chaque boîte fait la moitié de la première ruche, et a un plancher percé au-dessus; la boîte supérieure est formée d'une planche, comme les ruches d'une seul epièce.

Toutes deux sont garnies intérieurement de baguettes qui les traversent et qui sont destinées à soutenir les rayons. On doit observer de les introduire en dehors, afin qu'on puisse les retirer à volonté. Cette dernière ruche à deux boîtes est très commode pour faire des essaims artificiels; le travail partagé en deux portions égales, séparées et presque indépendantes l'une de l'autre, la cire également fraîche dans les deux, il semblerait qu'il n'y ait plus qu'à partager les abeilles pour avoir deux ruches de même force; cependant le succès de cette opération est si incertain, que je ne crois pas devoir la conseiller; car il y a des années où les essaims artificiels réussissent très bien, tandis que dans d'autres, avec tous les soins et les attentions possibles, on perd la mère et l'essaim. Si un propriétaire de vingt ou trente paniers les partageait tous en juin, qui est cependant le temps le plus convenable, dans des années pareilles à 1816 et 1825 il courrait grand risque de ne pas avoir une mouche à la fin de l'hiver suivant. Ainsi, il est donc nécessaire d'agir avec prudence et la plus grande circonspection.

Ainsi, lorsque j'ai jugé une ruche dans un état convenable, vers les dix heures du matin, j'ouvre la division dans laquelle elle se trouve, et je pose devant cette ruche une planche sans entaille; je place sur cette planche la ruche entière que je veux opérer. Les abeilles se trouvant enfermées, une partie des gardes, des ouvrières, des bourdons et même des jeunes reines, s'il y en a, gagnent la boîte supérieure; la vieille reine, au contraire, court à l'entrée, et y reste dans un état d'agitation remarquable. Aussitôt que l'on entend un bourdonnement au-dessus de la ruche, deux ou trois minutes au plus après qu'elle a été fermée, on enlève promptement la boîte de dessus, et on la pose précisément où était la ruche entière; on se hâte de la remplacer par une boîte vide, et on porte cette nouvelle ruche à quelque distance du rucher, en laissant les abeilles enfermées tout le reste de la journée et la nuit jusqu'au lendemain, pour leur permettre de la parcourir, la nettoyer, et disposer l'intérieur. Vingt-quatre heures après, on remet la ruche en place, et de suite on peut être assuré d'avoir réussi ; lorsque toutes les abeilles réunies recommencent et suivent leurs travaux habituels, si les butineuses paraissent très animées, si elles apportent une grande quantité de cire brute ; au contraire, lorsqu'elles sont tristes, souffrantes, lorsqu'elles n'apportent rien ; et que celles qui sont de la boîte inférieure se pelotonnent dans l'intérieur et près de l'ouverture ; et qu'elles séjournent dans la même position pendant huit ou dix jours, pour ne pas les perdre, il faut les remettre comme elles étaient auparavant ; les abeilles, en se reconnaissant, reprennent toutes leurs travaux habituels ; et, dans une année favorable, elles essaiment en juillet, et dans les premiers jours. Toutes tentatives sur une ruche ne peut et ne doit avoir lieu que d'après les circonstances suivantes : 1°. que le couvain soit éclos et qu'il ait au moins vingt jours d'existence ; 2°. que les deux boîtes soient également pleines ; 3°. qu'il y ait assez d'abeilles pour que les rayons contenus dans la boîte inférieure soient parfaitement couverts ; 4°. que la température de l'intérieur de la ruche soit au moins de vingt-cinq degrés; 5°. enfin, que le poids total des deux boîtes soit au moins de trente livres. On ne doit jamais entreprendre de faire des essaims artificiels qu'on n'en ait déjà aperçu quelques uns qui soient sortis naturellement.

MUTATIONS.

(*Voyez* p. 50.) Dans une ruche faible, manquant des provisions nécessaires pour assurer son existence, il faut la peser si elle est au-dessous de six livres, non compris le bois ou le panier, et faire monter toutes les mouches dans le magasin; si elle est d'une seule pièce, on enlève le magasin et on bouche la partie inférieure avec un canevas très clair; on donne ensuite ce magasin à une ruche du poids de vingt livres, pour remplacer le sien, qui est vide; en rendant aussi les abeilles au bas de la ruche, toutes restent encore pendant quelque temps dans leur ancienne demeure; elles y consomment leurs provisions; elles percent ensuite le canevas qui les sépare pour s'en procurer d'autres; et celles de la partie inférieure, déjà habituées à les sentir, n'y mettent aucun empêchement. Souvent les deux familles vivent entièrement séparées, ou bien elles sacrifient une des deux reines. Deux essaims peuvent être mélangés de même du moment où ils ont plus de trois jours d'existence.

Pendant l'hiver, lorsque les abeilles ont tout consommé dans l'intérieur de la ruche, et qu'on désire s'emparer de ce qui reste de provisions, on place les deux ruches sur lesquelles on veut opérer près l'une de l'autre, on découvre celle que l'on veut vider, on la ferme avec un linge clair, on la renverse, et après l'avoir fixée en place, on met par-dessus celle que l'on désire conserver, en prenant bien garde de ne laisser aucun interstice, aucune fente, aucune ouverture par lesquels les mouches pourraient s'échapper; ensuite, par le moyen de la fumée d'un chiffon, on force les abeilles de gagner la ruche supérieure. Lorsque le bourdonnement se fait entendre et que l'agitation est devenue manifeste, on les laisse reposer pendant cinq à six heures pour transporter la ruche du dessus, dans laquelle se trouvent réunies toutes les abeilles, excepté les couveuses et la reine de celle qui était en bas, qui demeurent attachées par paquets sur les vers et les œufs; on coupe tous les rayons, et les mouches qui sont de reste sont remises sous la ruche qui a été réservée. De cette manière, les abeilles peuvent être partagées à volonté par le moyen d'une planche percée, ou d'un linge, que l'on dirige à volonté, après avoir été fixé sur la ruche, renversée dans autant d'endroits ou de places où l'on pourra en avoir, besoin. Pour permuter ainsi les abeilles en hiver, il faut choisir le moment de la gelée, et que le thermomètre reste constant à huit ou dix degrés dans le lieu où se fait l'opération.

Pendant l'été, on se place dans un endroit bien clos, et, avec ce qu'il est besoin de lumière pour ne pas être dans l'obscurité, on apporte les ruches et tout ce qu'on peut avoir d'abeilles à mélanger; si elles ont été ramassées, si elles proviennent d'essaims qui n'aient pas encore travaillé, on les laisse par terre ou sur une planche, on les irrite dans les boîtes ou les ruches qui les contiennent, en y mettant une mèche; ensuite, par le moyen de quelques tubes de verre, adaptés depuis l'endroit où elles sont à celui où l'on veut les recevoir, pour les distribuer ensuite comme on le désire, on parvient à en faire tout ce qu'on veut. Dans les vieilles ruches, on expulse de même la plus grande partie des abeilles de celles à conserver; dans celles qui sont sacrifiées, soit qu'on veuille les changer pour dépecer les rayons et s'emparer de ce qu'elles renferment, on y parvient de même. Cependant il faut dégarnir la ruche à conserver d'une grande partie des abeilles qu'elle contient avant d'y distribuer les nouvelles, au moyen des tubes, pour éviter qu'elles ne se disputent et ne se battent; alors, comme de cette opération il résulte un mélange parfait, celles qui sont restées dans l'intérieur les reçoivent toutes sans difficulté.

EMPLACEMENT DES RUCHES.

On peut les placer partout où il y aura des fleurs en abondance, dans les bois, les broussailles, les landes, les terres en friche, dans celles qui sont cultivées, dans les vignes au moment de leur floraison et celui de la maturité du raisin, dans les vergers, au printemps, dans le voisinage des tilleuls, des saules, sur une terrasse, une croisée d'habitation à la campagne... Quel que soit l'emplacement des ruches, il faut avoir soin de leur fournir de l'eau lorsqu'elle manque; on y supplée de la manière suivante (*voyez* p. 77) : avec des fascines entrelacées dans des pieux, faites une espèce de gabion d'un assez grand diamètre; placez dans l'intérieur, appuyé sur deux traverses, un tonneau défoncé, ou un vieux cuvier; garnissez avec de la mousse desséchée l'espace qui reste entre le gabion et le tonneau : il doit être de six à sept pouces; remplissez ensuite de mousse humectée tout l'intérieur, après l'avoir tassé; versez de l'eau dedans autant qu'il peut y en entrer, recouvrez toute la largeur du gabion avec de la mousse desséchée chargée de terre ou de sable; le jour même ou le lendemain, percez le tonneau d'une mèche fine pour que l'eau ne puisse s'échapper que goutte à goutte; placez sous la gouttière un coussinet de mousse très fine, posé dans un vase, ou simplement sur de la terre glaise : il suffit de l'entretenir mouillé pour qu'il serve à abreuver les abeilles de trois divisions. Ce tonneau peut durer deux mois entiers avec de l'eau aussi fraîche et aussi claire que celle d'une source qui serait dans le voisinage.

COMPOSITION DES RUCHES.

Toute ruche commence par un essaim composé de plusieurs espèces de mouches réunies ou agglomérées pour subsister ensemble; elles construisent pour cela des masses plus ou moins solides ou concrètes, que l'on désigne indifféremment sous le nom de *rayons*, *couteaux*, *gâteaux*; mais pour éviter toute confusion, il convient d'appeler *rayons* celles dont les alvéoles sont vides; *gâteaux*, celles qui sont occupées par le couvain; et *couteaux*, celles qui sont remplies par le miel... Sous le rapport du travail, dans une ruche, toutes les abeilles vivent dans la meilleure intelligence : aussi les regarde-t-on comme un des insectes les plus précieux. Il serait même beaucoup à désirer qu'on cherchât à le multiplier davantage pour le bien de la société. Quoi qu'il en soit, les plus nombreuses dans la réunion qui compose la ruche sont les ouvrières ; viennent ensuite les faux bourdons, ou les mâles, et enfin les femelles ou les reines. (*Voy.* p. 14.) Les parties extérieures d'une abeille ouvrière remarquables à l'œil nu sont la tête, le corselet et le ventre. La tête est garnie de deux yeux à réseaux, de deux antennes, deux serres ou mandibules, et une trompe. Le corselet tient à la tête par un col extrêmement petit et très court ; il est garni par-dessus de quatre ailes, et dessous par six pates, dont les deux de la troisième paire sont beaucoup plus longues que les autres, et garnies extérieurement d'enfoncemens bordés par des villosités roides qui leur servent à placer la cire non élaborée qu'elles apportent à la ruche. Toutes les pates sont terminées par des crochets, et dans le milieu se trouve une brosse qu'elles emploient adroitement pour prendre la poussière des fleurs, et polir leur ouvrage. Le ventre est réuni au corselet par un muscle de la grosseur d'un fil, composé de six anneaux écailleux qui renferment, outre l'intestin, une vésicule qu'elles remplissent de miel lorsqu'elles le trouvent en abondance ; une portion sert à leur nourriture ; l'autre est emmagasinée dans la ruche pour le couvain. C'est à la sortie d'un essaim, et lorsqu'elles trouvent du miel hors de leur ruche ; que les abeilles ont cette vésicule extrêmement remplie ; elle est quelquefois si gonflée, qu'elle entre-baille trois des anneaux qui circonscrivent leur ventre. A la racine de l'aiguillon, placée vers l'extrémité abdominale, se trouve un petit réservoir plein d'une substance particulière que l'abeille introduit par le tube de son aiguillon dans la petite plaie qu'elle fait toutes les fois qu'elle l'enfonce, et que l'on désigne sous le nom de *venin* ; extérieurement l'aiguillon est surmonté de petites aspérités semblables à celles qu'on aperçoit sur les barbes du blé. L'abeille peut l'enfoncer bien aisément ; mais pour peu que les corps piqués soient durs ou serrés, elle ne peut plus l'en sortir qu'en l'arrachant : aussi la piqûre d'une abeille lui devient presque toujours fatale, parce qu'en se retirant elle le laisse, avec une portion de l'intestin, et elle meurt peu d'instans après.

Quoique l'on ait jusqu'à présent désigné sous le nom d'*abeilles ouvrières* tout ce qui n'est pas reine ou bourdon dans une ruche, il existe parmi elles des différences qu'il est bon de faire connaître : 1°. *les cirières*, car il s'en faut de beaucoup qu'elles soient toutes occupées à la sécrétion de la cire ; 2°. *les butineuses*, toutes celles qui vont et viennent pour apporter le miel et la cire brute ; 3°. *les gardes*, celles qui ne quittent jamais la ruche; elles sont constamment fixées, le jour comme la nuit, à l'entrée de la ruche; 4°. toutes celles qui s'occupent du travail intérieur et environnent la reine, faciles à distinguer par des anneaux noirâtres; elles ouvrent les alvéoles qui doivent être entamées, et avec une si grande économie, que partout ailleurs les abeilles consommeraient en moins d'un jour ce qui leur est suffisant pour plusieurs mois dans l'intérieur; et s'il se rencontre un couteau mal fait, piqué ou altéré, il est toujours le premier employé : le reste, et ce qu'il y a de plus parfait, est mis en réserve pour la nourriture des jeunes vers. On présume encore que cette variété préside à l'essaimage, et qu'alors elle abandonne, pour un instant, toutes les provisions, car il serait difficile de trouver du miel dans une ruche d'où il serait sorti plusieurs essaims de suite.

Comme on peut s'assurer des provisions qu'emporte un essaim, 1°. en observant la vésicule des abeilles lorsqu'elles ont quitté la mère ruche; 2°. en tenant notice exacte sur l'état des couteaux quelques instans avant la sortie de l'essaim; 3°. en l'enfermant pendant huit ou dix jours avant que les butineuses aient pu courir la campagne; 4°. enfin, en chassant les abeilles de la mère ruche avant et après l'essaim, et en la pesant dans ces deux circonstances, il a été prouvé que quatre mille abeilles emportent une livre de miel.

Tous ceux qui voient des abeilles pourraient donc croire, à la première inspection, qu'elles se ressemblent toutes; mais, pour peu que l'on y soit exercé, on les distinguera facilement : dans le cas contraire, la moindre loupe suffirait pour se convaincre de ce qui vient d'être dit. On a encore voulu assurer que les abeilles butineuses, pour ramasser la poussière des fleurs, entraient dans leur calice en se roulant sur les étamines, et que, de cette manière, la poussière fécondante s'attachait aux villosités dont elles sont recouvertes; que, par le moyen des brosses fixées à ses pates, elle la déposait dans les cuillers de ses troisièmes pates, ce qui formait le véritable pollen qu'elles apportent dans la ruche. Mais cela n'est pas probable, car toute la poussière dont les abeilles sont recouvertes ne leur est nullement utile, et si elles en sont dépouillées en sortant, c'est qu'elles viennent de traverser la masse des ouvrières placées autour des rayons où elles déposent ce qu'elles ont été chercher. On les verrait courir sur les plus grosses fleurs, les plus grands calices, tandis qu'elles vont en foule sur toutes celles qui sont à calice étroit, serré, renversé ou couvertes de pétales simples, doubles, lisses et minces, telles que le thym, la menthe pouliot, le serpolet, l'hysope, le sainfoin, la lavande, le mélilot, les troënes, la navette, la germandrée, la mélisse, etc., qui contiennent les matières sucrées qui leur conviennent le plus pour leur travail.

Les bourdons, faciles à distinguer des abeilles ouvrières, sont les mâles, beaucoup plus gros qu'elles, couverts de villosités. Leur tête est ronde, entièrement couverte avec des yeux à réseaux, au lieu de se trouver sur le côté ; leur trompe est plus courte et plus déliée ; leurs pates ne portent point de cuillers ; ils n'ont point d'aiguillons. En comprimant la partie inférieure de leur corps on provoque la sortie de leurs parties génitales, toujours d'un volume excessif, et desquelles il découle une matière blanchâtre et laiteuse, comme après l'acte de la fécondation. Elles ne rentrent pas dans l'état où elles étaient auparavant, c'est ce qui occasionne la mort du mâle. Quel que soit le moment de leur naissance ou de leur apparition dans la ruche, une fois que la reine est fécondée, les ouvrières et les butineuses les détruisent, et dans une ruche qui a essaimé plusieurs fois ils peuvent être si nombreux que les abeilles font des efforts inutiles pour y parvenir. Alors on doit les aider, car toute ruche dans laquelle les mâles sont détruits avant d'essaimer, soit en totalité, soit en partie, ne donne presque jamais d'essaim. Pour cela, vers la fin d'août, dans l'après-midi d'une journée où la chaleur s'est fait sentir, on les saisit, soit qu'ils entrent ou qu'ils sortent de la ruche, avec des pinces, ou avec les doigts enfermés dans des gants très épais; il n'y en aurait qu'une partie de détruits que les abeilles ont bientôt débarrassé ce qu'il en reste.

L'abeille que l'on désigne sous le nom de *reine* est la seule femelle d'une ruche : toutes les autres, excepté les bourdons, ne sont que des mulets. Beaucoup plus grosse et plus allongée que les ouvrières, elle est moins couverte de villosités que les mâles; ses yeux, à réseaux, sont placés à côté de sa tête, et son ventre se termine en pointe comme celui des autres; ses ailes, moins allongées, ne dépassent pas le cinquième anneau; sa couleur est d'un jaune vif. Sur l'instant ou la continuation de sa ponte, le nombre des œufs qu'elle peut fournir, l'on n'a encore que des conjectures. L'expérience, et surtout des observations bien faites, éclairciront sans doute la théorie des abeilles et des ruches.

DES MATIÈRES CONTENUES DANS UNE RUCHE.

Dans les ruches anciennes, et même dans toutes celles qui auraient tout au plus une année d'existence, on trouve de la cire, du miel et du propolis. Nous ne dirons ici que ce qui nous paraîtra nécessaire pour compléter l'historique de la substance végétale mucoso-sucrée fournie par les abeilles, c'est-à-dire le miel : outre l'hydromel, boisson aussi bonne qu'agréable, plus ou moins usitée dans plusieurs contrées de l'Europe, et dont on trouvera la composition dans notre *Manuel du Limonadier,* page 90, on en fait un *mellitum* simple, ou sirop de miel, et pour cela on met une quantité quelconque de beau miel blanc dans une bassine que l'on place sur le feu. A l'instant où le miel s'élève, on y jette un peu d'eau froide, et on retire la bassine du feu ; on laisse reposer le miel quelques minutes, on l'écume, et on y ajoute la quantité d'eau chaude strictement nécessaire pour lui donner la consistance d'un sirop, ce qui est à peu près une partie d'eau sur trois parties de miel. Pendant un certain temps on avait même proposé l'usage de ce mellitum comme propre à remplacer en médecine les diverses espèces de sirop ; mais quelque bien préparé que soit ce mellitum, il a une saveur particulière, et ses effets sont bien différens de ceux du sirop simple, ou sirop de sucre. Toujours il est excitant ; et souvent il détermine et entretient les excrétions alvines, quelquefois même la toux, et des chaleurs à la poitrine, surtout si on en continue l'usage quelque temps. Il faut encore observer que cette préparatiou passe facilement à la fermentation ; ainsi il faut le renouveler souvent. Quant à la cire et au propolis, voyez ce qui en a été rapporté dans le cours de l'ouvrage.

DU COUVAIN.

On comprend sous cette dénomination, les œufs, les vers, toutes les nymphes mâles et femelles, et les mulets ; c'est pour le couvain que tout se meut, s'agite et travaille dans la ruche. La reine, avant de déposer un œuf dans un alvéole, s'assure qu'il est susceptible de le recevoir : une fois pondu, les ouvrières le couvent en fermant non seulement l'alvéole dans lequel il se trouve, mais encore toute la superficie du gâteau. A peine le ver est-il éclos qu'il est gorgé de nourriture ; toujours couché en rond, pour peu qu'il soit arrivé aux trois cinquièmes de sa grosseur, il est enveloppé de cire. Là, il devient nymphe, et l'on aperçoit, à travers ses enveloppes membraneuses, toutes ses formes extérieures.

Tous ces changemens sont beaucoup plus longs en hiver qu'en été ; car des œufs marqués le 16 février 1819 n'étaient pas encore devenus mouches le 22 avril suivant ; tandis qu'en juin de la même année, ils n'avaient mis que dix-neuf jours. Il serait même assez difficile, pour ne pas dire impossible, de préciser l'époque à laquelle la mère finit de pondre, car dans telle ruche il n'y a pas de vers en mars; dans telle autre, il s'en trouve en janvier, et même en décembre. Celles-ci n'ont plus aucune trace de couvain en juillet; celle-là en est remplie en septembre, et même beaucoup plus tard.

ENNEMIS DES ABEILLES.

De tous ceux qui ont été signalés dans le cours de l'ouvrage, aucuns ne sont à craindre avec la *ruche des bois*, confectionnée avec des planches recouvertes par la peinture à l'huile, avec la précaution d'en tenir l'entrée assez large, mais très basse; elle est même un préservatif puissant contre la fausse teigne, car, soit que le papillon qui la produit redoute le sapin ou la couleur, soit qu'il s'en rencontre beaucoup moins dans les bois que partout ailleurs, l'auteur certifie ne l'avoir point rencontré; et c'est même pourquoi il n'a jamais songé à s'en garantir; mais il assure que les dix-neuf vingtièmes des ruches ordinaires périssent de faim. Le froid en détruit aussi un assez grand nombre, surtout parmi celles qui sont faibles ou peu fournies. Pour éviter ces deux grands inconvéniens, il faut que les ruches soient peuplées, approvisionnées.

Quant à leurs maladies, il n'en reconnaît qu'une, qu'il considère comme un flux dysentérique qui fait périr les mouches dans l'espace de quatre à cinq jours. Il conseille, pour y remédier, de prendre une bouteille de vin vieux, une demi-livre de sucre, et autant de bon miel, une pomme de reinette, deux poires de Saint-Germain, et une cuillerée à café de bonne eau-de-vie; mettre le tout dans un vase, et faire réduire jusqu'à consistance de sirop, pour le mettre ensuite dans des assiettes, sous la ruche, si le temps est doux, et le jeter avec les barbes d'une plume ou un pinceau, sur les rayons, et même sur les abeilles malades.

MOYEN DE PRÉVENIR LE PILLAGE DES RUCHES.

Plus une ruche est isolée, moins elle est exposée à être pillée. Lorsqu'on est forcé d'en réunir un grand nombre, il ne faut y laisser qu'une seule entrée, et placer devant une grille, vers la fin de juillet, qu'on pourrait même réduire à quatre lignes de diamètre, ce qui serait suffisant pour remplir l'objet qu'on se propose. Cependant, si, dès le matin ou à l'approche de la nuit, l'on voit des abeilles rôder et bourdonner autour d'une ruche, il faut de suite diminuer l'entrée par tous les moyens qui peuvent en rendre l'entrée difficile, ne fût-ce qu'à une mouche à la fois ; car toute ruche attaquée est perdue. Ce qu'il reste de mieux à faire est de s'emparer de ce qu'elle contient, tant en cire qu'en miel, lorsque des abeilles étrangères y ont pénétré ; et si l'on parvient à les conserver encore par mutations, il faut les baigner, en les plongeant brusquement dans l'eau fraîche pour les ramasser ensuite dans une boîte à essaim ; et lorsqu'elles seront desséchées et ranimées, faire leur mutation à l'aide de la fumée, comme il a déjà été dit dans le cours de ce manuel.

FIN DU MANUEL DES PROPRIÉTAIRES D'ABEILLES.

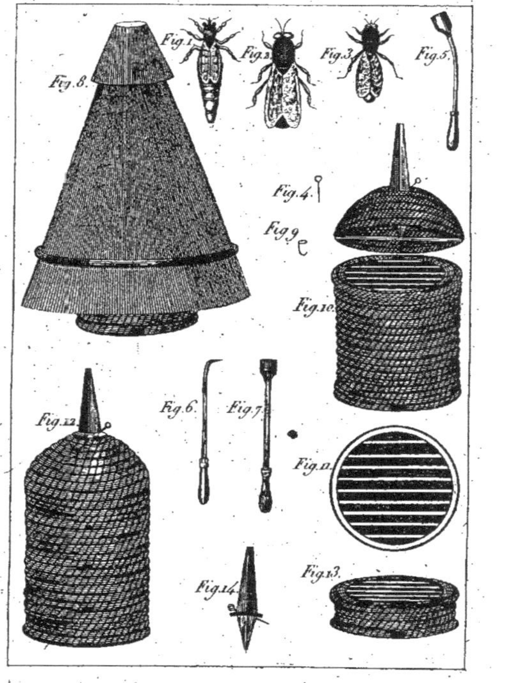
Fig.8.
Fig.1.
Fig.2.
Fig.3.
Fig.5.
Fig.4.
Fig.9.
Fig.10.
Fig.6.
Fig.7.
Fig.12.
Fig.11.
Fig.14.
Fig.13.

TABLE DES MATIÈRES.

TROISIÈME PARTIE.

QUATRIÈME PARTIE.

CINQUIÈME PARTIE.

FIN DE LA TABLE.

www.ingramcontent.com/pod-product-compliance
Lightning Source LLC
LaVergne TN
LVHW020607230826
846091LV00002B/633